中公新書 2373

黒木登志夫著

研究不正

科学者の捏造（ねつぞう）、改竄（かいざん）、盗用

中央公論新社刊

はじめに

わが国の科学には光と影がある。光輝いているのはノーベル賞である。二一世紀に入ってから一五年間の自然科学三部門、生理学・医学賞（以下、医学賞）、物理学賞、化学賞のノーベル賞受賞者は、一三名に達する（米国籍の南部陽一郎と中村修二は含まない）。これは、アメリカの五七名に次いで二位である。以下、イギリスの一〇名、ドイツの六名、フランスの六名が続く。ノーベル賞に象徴されるような独創的な研究が、日本から数多く発表されていることをわれわれは誇りに思う。ノーベル賞を含めた科学技術の成果により、わが国は世界から一目置かれるような存在になったのだ。

残念ながら、その光に影を落とすような事例が後を絶たない。研究不正である。研究不正や誤った実験などにより撤回（リトラクション）された論文のワースト10に二人、ワースト30に五人も日本人が名を連ねているのだ。しかも、他を圧倒するようなワースト一位も日本人である（事例19）。撤回論文を追跡しているブログには、「ジャパン・リトラクションズ」という見出しがあるほどである。

加えて、二〇一四年には、STAP細胞（事例21）とノバルティス事件（事例18）という二つの研究不正により、わが国は、量だけでなく、研究不正の質においても世界の注目を集めた。STAP細胞は、ねつ造、改ざん、盗用の重大研究不正をすべて目いっぱい詰めこんだ細胞であった。はなばなしい発表からわずか一一ヶ月で、そのような細胞が存在しなかったことが明らかになり、わが国の名誉を傷つけた末に、消えていった。ノバルティス事件は、わが国の臨床医学の構造上の問題を内包しているという点で、STAP細胞よりもはるかに深刻な研究不正であった。

研究不正に関する古典的名著ともいうべき『背信の科学者たち』[1]（ウイリアム・ブロード、ニコラス・ウェイド著、牧野賢治訳）は、アメリカ下院の証人喚問のシーンから始まる。一九八一年三月三一日、アル・ゴア（Albert Gore）議員は、下院科学技術委員会で、研究不正の問題を正面から取り上げた。証人となったアメリカ科学アカデミー会長のヘンドラー（Philip Handler）は、「科学研究上の欺瞞などという問題で証言するのは、不愉快だし心外である」と述べた。ヘンドラーは、研究不正は、大きな問題ではなく、科学は「完全かつ適切に」自己修正する機能を備えている、と主張した。サイエンス誌の編集長のコッシュランド（Daniel Koshland）は、一九八七年、「論文内容の九九・九九九九パーセントは、正確で真実だ」「研究不正がわずかにあるからといっても、優れた科学成果を生み出す現在のシステムの基本を変える必要は何もない」という論評を発表した。[2]

しかし、科学の「自己修正機能」は働かなかった。二一世紀へと時代が進むと、研究不正はさらに目立つようになり、今日にいたるまで続いている。本書の事例のような不正は、氷山の一角に過ぎず、本当はもっとたくさんの研究不正が隠されているのではないか、と疑問をもたれたとしても不思議ではない。

ゴアが後に指摘することになる「不都合な真実（An inconvenient truth）」は、環境問題だけではなかった。それは、科学研究にとって不都合ではあるが、厳然たる真実なのだ。われわれは、「不都合な真実」を受け止め、なぜ、そのようになったのか、どのような対策を取ったらよいかについて、真剣に考えなければならない。

不正は科学だけではない。いつの時代でも、あらゆる社会現象に不正はつきものである。二〇一五年の後半にメディアを賑わせた不正だけでも、東京オリンピック・エンブレム問題、旭化成建材のマンション杭打ちデータ改ざん、東芝の不正会計、東洋ゴムの免震・防振ゴムのデータ改ざん、有機肥料成分偽装、化血研の血液製剤・ワクチン製造不正、橋梁溶接不良事件、フォルクスワーゲンの排気ガス測定ソフト改ざん、ロシア陸上競技選手のドーピングなど、枚挙にいとまがない。

社会不正も研究不正もその根底では同じである。真実に対する「誠実さ（integrity）」の欠如、野心、競争心、金銭欲、こだわり、傲慢、責任感のない行動、「ずさん」な行為などが、不正の底流にある。それらは、程度の差はあるにしても、誰もが抱えているわれわれの心の内面の問題でもあるのだ。

ただ一つ違うとすれば、それは、科学者と企業人が所属する組織であろう。大学は、管理者、研究者、教育者、学生の緩やかな集合体であり、それをまとめる規範は、学問と発表の自由を尊重する立場から、彼ら／彼女らの良心に任されている。それに対して、企業などの組織は、明確で強固な上下関係のもとに運営されている組織である。それゆえ、研究不正では、研究組織の脆弱性が問題を広げたが、社会不正では、逆に、強固な経営組織が不正の発見を遅らせた。いずれの場合でも、不正は、われわれ自身に内包している問題であると同時に、所属する組織の問題でもある。それゆえに、不正は今後も続くであろう。

社会不正と研究不正の間に共通の事項が存在しているとしたら、研究不正の分析は、社会不正の予防についても、一つの処方箋となるのではなかろうか。本書は、研究不正と同時に、社会不正にも目を配りながら執筆した。

研究不正が続いているにもかかわらず、イギリスの市民と日本の子供たちは、研究者を尊敬できる職業として、信じてくれているという。イギリスの王立化学会が、イギリスの市民にアンケート調査を行ったところ、大部分のイギリス人は、化学に対してポジティブな印象をもっていることが分かった。イギリスの大手市場調査会社（Ipsos MORI）の調査でも、一〇人中九人は、科学者を信頼しているという。[3] この記事を掲載したネイチャー誌は、科学は、科学者が考える以上に市民によって信頼されている。しかし、これはいつまで続くのだろうか、と皮肉を交えて締めくくった。

化学メーカーのクラレは、毎年、小学校の一年生と六年生を対象に将来どんな職業に就きたいかを調査している。二〇〇九年に入学した男の子で将来研究者になりたいと答えた子は一五位であったが、二〇一五年に卒業するときには二位に上がっていた（一位は入学時も卒業時もスポーツ選手。卒業時の三位は医師）。女の子では、卒業時の一位は教員、二位が医師であった。[4] STAP細胞をめぐって、社会が騒いでいるときにもかかわらず、子供たちは科学者を信頼し、尊敬してくれているのだ。科学者は、信頼に応えるようにしなければならない。しかし、科学者が自分自身をこれほどまでに信頼していないことは確かなようだ。

われわれは、子供たちや市民の信頼を裏切らないようにしなければならない。それには、どうしたらよいのだろうか。あれをしてはいけない、これもいけない、というお題目を並べるだけでよいのであろうか。高邁な思想を語ることで、人の心は誠実さを取り戻せるであろうか。倫理は、結局のところ、社会と人間への深い理解の上に成立していることを考えれば、研究不正は、簡単に解決できるような問題でないことがわかる。

研究不正の姿を立体的に知ることで、これからの不正防止に何らかの貢献ができるのではなかろうか。本書では、研究不正の事例（第二章）を紹介しながら、レッドカード、イエローカードに相当するような不正とその実態（第三章、第四章）、なぜ不正にいたったのか、その分析（第五章）、不正を監視するためのシステム（第六章）、不正論文と不正の結末（第七章）と筆を進め、最後に不正防止への提案（第八章）という構成をとっている。この本が、不正の防止に少しでも役に立てば、著者として、どんなにうれしいことであろうか。

目　次——研究不正

第六章　研究不正を監視する

人物イラスト　永沢まこと
説明イラスト　黒木登志夫

研究不正事例

略語表

CDB	理研・多細胞システム形成研究センター（旧、発生・再生科学総合研究センター）	104
COPE	出版倫理委員会	142
COI	利益相反	9
EBM	エビデンスに基づく医療	90
EPA	アメリカ環境保護庁	5
ETH	スイス連邦工科大学	66
ES細胞	胚性幹細胞	73
FDA	アメリカ食品医薬品局	52
FFP	ねつ造、改ざん、盗用の英文頭文字、特定不正行為	128
HIV	ヒトエイズウイルス	47
HTLV	ヒトT細胞白血病ウイルス	45
ICMJE	医学ジャーナル編集者会議	152
IRB	倫理審査委員会	147
JSPS	日本学術振興会	179
JST	日本科学技術振興機構	103
NCI	アメリカ国立がん研究所	37
NEJM	New England Journal of Medicine	214
NIH	アメリカ国立衛生研究所	5
NSF	アメリカ科学財団	127
ORI	アメリカ研究公正局	4, 235
PNAS	アメリカ科学アカデミーの研究ジャーナル	158
PubMed	NIH国立医学図書館による医学系論文データベース	228
QRP	疑わしき研究行為	149
RCR	責任ある研究	5
WHO	世界保健機関	23
WoS	トムソン・ライター社の全科学分野データベース	207
WPI	文科省・世界トップレベル研究拠点プログラム	25

第一章　誠実で責任ある研究

たゞ返すぐ、初心を忘るべからず。
世阿弥『風姿花伝』

失われた信頼

二〇一一年三月一一日午後二時四六分。われわれは、その時間、自分がどこにいたかを鮮明に覚えている。その日起こった悲劇的な出来事は、たくさんの人の命を奪い、われわれの快適な生活をいっぺんに破壊した。地震学者は、マグニチュード九・〇の巨大地震を想定していなかった。津波に対して、われわれはあまりにも無防備であった。安全とくり返し聞かされてきた原子力発電所は津波で簡単に壊されてしまった。東日本の広い地域は、放射能によって汚染された。原子力発電所の安全神話は、何の根拠もなかった。

なぜ、巨大地震を想定できなかったのか。原子力発電所の安全神話は作られたものではなかったか。放射線でがんにならないと本当に保証できるのか。安全という放射線量など本当にあるのか。私は、がんの専門家、そして放射線発がんを知る一人でありながら、社会に向かって一言も発言できなかった。あの日を境に、科学者への信頼性は大きく損なわれた。

大惨事後の対策にも、科学者はリーダーシップを発揮することはできなかった。社会における科学者としての役割を自覚することもなく、われわれは「科学者村」の自己完結の世界に戻ろうとしているように思える。しかし、その自己完結の「科学者村」も今、危機に瀕している。研究不正は、二〇一一年以後もくり返され、むしろ以前よりもひどい状況になった。ノバルティス事件（事例18）、撤回論文の世界記録となった麻酔科医のねつ造（事例19）、東大分子細胞生物学研究所（以下分生研）事件（事例20）、そしてSTAP細胞事件（事例21）などなど、研究不正のなかでも、最悪といってもよいような事件が相次いで起こった。研究不正は、大地震のように、科学の世界を内部から崩壊させかねないところまでおよんでいる。

失われた信頼を取り戻すには、われわれ科学者は、初心に返って、研究とは何かを見つめ直し、再認識するほかないであろう。同時に、信頼を破壊する研究不正についても、しっかりとその実像をとらえ、対策を取らねばならない。

誠実で責任ある研究

すべての職業人と同じように、科学者は責任ある仕事が求められている。社会の人々が科学者に何を期待し、科学者はそれに応えるために何をしなければならないのか。責任ある科学とは何か。もう一度、考え直さなければならない。

科学は、他の職業と少なくとも二つの点で異なっている。一つは、真実を対象としている点であり、一つは、高度の知識と技術を駆使するという点である。真実を相手にするという点で共通している職業は、司法、報道などであろう。警察官、検事が証拠をねつ造し、裁判官がバイアスのかかった判断をすることが許されないように、新聞が事件をでっち上げ、誤った報道をするのが許されないように、科学者にも、データのねつ造、改ざんなどは許されない。

科学は、最高の教育を受け、高度の技術をもった職業人によって行われる。ときには、ナノの世界を操り、遺伝子を読み、細胞を操作する。無限の宇宙を観察し、想像を超えた時空間を数式で表現する。科学者でも、自分の専門から少し離れただけで、理解ができないほど、専門化が進んでいる。しかも、そのような研究は、人々の目に触れない空間で行われている。科学がなぜ重要か、どんなことが期待できるかを、人々に理解してもらうのは容易ではない。莫大な資金を必要とし、国民の税金で支援されている科学者は、自分たちの存在価値と成果の意義を人々に理解してもらわねばならないのだ。

本書は、研究不正をテーマにしている。しかし、本題に入る前に、正しい研究、研究者像を示す必要があろう。人々の信頼を受ける研究とは、一言で言えば、「誠実で責任ある研究」ということになる。最初に、誠実とは何か、責任ある研究のために必要な条件は何かについて考えてみよう。

なお、「誠実で責任ある研究」のための指針、規範については、日本学術振興会、アメリカ科学アカデミーが、読みやすい本を出しているので参考にしてほしい。[5,6]

（1）誠実な研究（Research integrity）

研究倫理、研究不正についての英文レポートを読んでいるとき、最もよく見る言葉は、"Research integrity" あるいは、"Scientific integrity" である。"Integrity" の確立が、科学研究に最も重要であることを示している。Integrity をオックスフォード英語辞典で調べると、"the quality of being honest and having strong moral principles" という語義が示されている。日本語に直せば、「誠実」「高潔」「品格」のような意味であろう。

Integrity は、アメリカ研究公正局（Office of Research Integrity、ＯＲＩ）のように、「公正」と訳されることもあるが、「偏らず、公平」（Fairness）を超えた意味がある。科学者に求められているのは、公正、公平だけではない。真実と向かい合い、自然を理解し、人々と社会に貢献するという、もっと積極的な役割である。ここでは、科学者個人の良心に訴えるという意味で、「公正」よりも「誠実」という言葉を使うことにする。

科学における「誠実さ」は、単に不正をしない、といった消極的な意味だけではない。より積極的に行動することが求められている。たとえば、アメリカの国立衛生研究所（NIH）、環境保護庁（EPA）から出版されたScientific integrityの報告書を読むと、社会からの信頼を得るための指針が詳しく紹介されている。それは、研究者を雇用するときから始まり、研究を遂行し、出版し、社会に還元するまでの科学を進める全過程におよんでいる。その「誠実な科学」を内部から破壊する行為が「研究不正」である。

(2) 責任ある研究（Responsible Conduct of Research）

すべての職業と同じように、科学者には責任と誠実さが求められている。ミシガン大学のステネック（Nicholas H. Steneck）は、責任ある研究について深い考察に基づいた提案を発信し続けている。[7,8] 彼の言葉を借りれば、それは「責任ある研究行動（Responsible Conduct of Research、RCR）」である。以下、「責任ある研究」のためのいくつかの条件について考えてみたい。

意義（Significance）　親戚のおばさんに、あなたの研究って、どんな意味があるの、何の役に立つの、と聞かれたとしよう。誰にでも分かる言葉で、自分の研究の意味を説明できるであろうか。研究者の世界は寛容である。一見意味がないような研究でも、将来大化けするかもしれないと、理解してくれる。しかし、それに甘えてはならない。自分も納得し、親戚のおばさんがなるほどと思うような答えを用意しておかねばならない。大切な国民の税金を使うのだ。意味のない研究で、無駄な費用、時間、エネルギーを消費するのは、「責任ある研究」とは言えないだろう。

社会性（Sociality）　人々が科学研究に税金を使うのを許してくれるのは、それがいつか社会に還元されることを期待しているからである。宇宙や地球、生命の起源の研究のような、一見現実の社会の問題と関係ないように思われる研究も、われわれの知的好奇心を引き起こし、科学への関心を高めるという意味では、十分な社会性をもっている。

しかし、政治家や官僚のような科学技術政策を決定する立場の人々が社会性を強調するときには、注意しなければならない。彼らは、しばしば、科学＝イノベーションのような短絡した思考しかできず、すぐに結果を求めたがる。そして、基盤となる基礎研究を低く見がちである。

正確性（Accuracy）　科学観察は正確であることが必須条件である。ただ正確に数を数えればよいというわけではない。科学の基礎には論理的な正確性がある。自然現象を観察し、推論するときには、論理的に正しくなければならない。実験結果を解釈するときにも、論理的な道筋が要求される。

正確性を保証するためには、正確な記録が必要である。データは、統計学的に検討し、意味づけをしなければならない。膨大なデータを処理するうちに、間違いも起こるであろう。単純な間違いであれば、訂正（Correction）ですむかもしれないが、結論に影響するような致命的な間違いのときは、論文の撤回に追いこまれることがある。一つの間違いのために、すべての努力が無駄になるのだ。

客観性（Objectivity）　観察、測定など科学上のデータは、客観的な存在である。思い入れなどのバイアスにより、データを勝手にいじってはいけない。予想しないデータが得られたとき、それが自分の考えに合わないからというだけの理由で捨ててはいけない。もしかすると、大発見につながるような真実を含んでいるかもしれない。大発見のいくつかはそのような偶然の機会を逃さなかった人に輝いた（Serendipity）。常に客観的に、冷静に対処することが科学者に求められている。

透明性（Transparency）　自由に意見を出し、相互に批判できるような雰囲気のなかで研究をすることが大切である。研究不正の多くは、透明性のない状況で起きている。指導もしないまま、若い研究者に自由にやらせる研究室もあるし、ボスが大学院生を自分の思う通りに使うようなラボもある。そのような、いわゆる「風通しの悪い」研究室運営は、研究不正の温床になりやすい（第八章）。研究の成果をみんなで討論できるような、ときには研究室の壁と分野を超えて、自由に討論できるような雰囲気が、研究不正を防ぐ上で重要である。討論の場は、研究室内とは限らない。居酒屋でもよいし、パーティの会場でもよい。アルコールが入っていた方が、遠慮なく意見が言える場合もある。そのような自由な雰囲気のなかから、分野融合の研究が生まれ、パラダイムシフト、ブレークスルーとなるような研究が芽生える。

再現性（Reproducibility）　再現性は、研究の必要条件の一つである（第四章）。再現性がなければ、研究そのものが証明できないことになり、その成果が疑われても仕方がない。そのためには、実験が誰にでも再現できるような詳細な情報開示が求められる。一般に、生命科学系の研究は再現性が低い。その理由の一つは、生命系が内包している複雑性、多様性、さらに実験条件の特異性の低さ（たとえば、試薬の非特異的反応）などが影響しているためであろう。再現性が大事だといっても、他で行われた研究の再現性を、好んで調べようとする人はいない。再現性の責任は、あくまでも最初に論文を発表した当人にあるのだ。

公正性（Fairness）　研究は、公正でなければならない。宗教、民族、資本などから独立した公正性が、研究に求められている。企業の支援を受けているときには、その企業と利益相反（Conflict of interest、ＣＯＩ）の関係にあることを、明示しなければならない。医学、工学のように、企業と密接な関係にあり、それが研究成果を社会に還元する上で重要な位置を占めている分野の研究者は、特に、企業との関係に注意しなければならない。

尊厳（Dignity）　科学研究の根本には自然への畏敬の念がある。われわれは、自然に対して謙虚でなければならない。自然のなかには、動物もヒトも含まれる。ヒトを対象とする医学研究の倫理的原則である「ヘルシンキ宣言（Declaration of Helsinki）」を守り、動物実験では、動物愛護の精神に則り、命を無駄にしないように、実験計画を練る必要がある。それぞれの研究機関には、倫理委員会が設けられている。その審査を受けないで行った研究は、責任ある研究とは言えず、論文の撤回にいたる（第三章）。

科学の大部分の研究は、「誠実で責任ある研究」である。しかし、次章から取り上げるように、研究不正は、われわれの想像している以上に蔓延している。研究不正を正確に知ることは、今後の研究不正を防ぎ、「誠実で責任ある研究」を育てることになるであろう。

第二章　21の事例

すべての人々をしばらくの間愚弄するとか、
少数の人々を常にいつまでも愚弄することはできます。
しかしすべての人々をいつまでも愚弄することはできません。
（リンカーン・ダグラス論争、一八五八年九月八日）
『リンカーン演説集』高木八尺・斎藤光訳

研究不正は、大昔からあった。『背信の科学者たち[1]』は、ガリレオ、ニュートン、ダーウィン、メンデルのような歴史上の偉大な科学者にも問題があったことを指摘している。

・プトレマイオス（Claudius Ptolemaeus、八三〜一六八）がギリシャのロードス島で観測を行ったという天体図は、アレキサンドリア（エジプト）の図書館で盗用したものであった。

・ガリレオ（Galileo Galilei、一五六四〜一六四二）の実験はおおざっぱで、とても彼の提唱するような正確な法則は作れないはずであった。彼は、観察よりも「思考実験」を好んだ。

・ニュートン（Isaac Newton、一六四二〜一七二七）は、著書『プリンキピア』のなかで、自分のデータを修正し、精度をあげ、理論と合致するように改めた。

・ダーウィン（Charles R. Darwin、一八〇九〜一八八二）は、無名の動物学者による自然淘汰と進化の研究を盗用した。

・メンデル（Gregor J. Mendel、一八二二〜一八八四）は、「メンデルの法則」にあわせて、エンドウ豆を「クッキング」した疑いがあることを、統計学者のフィッシャーが指摘している。メンデルの論文『雑種植物の研究』[9]（一八六五年）は、岩波文庫で読むことができる。

本章では、研究不正の分析に入る前に、二〇世紀以後の研究不正の代表的事例二一を取り上げることにする。それぞれの研究不正には、それぞれの物語がある。ばかばかしいくらい単純な不正もあるが、手の込んだ不正、大がかりな不正もある。黄禹錫（ファンウソク）（事例14）、STAP細胞（事例21）のように国中を騒ぎに巻きこんだ事例もある。原則として不正が明らかになった順に並べてあるが、二〇世紀前半の事例（事例1〜3）は、不正の判明した時期が特定できないため、始まった年順に示した。

わが国では、二〇〇〇年まではほとんど目立った研究不正はなかったが、二一世紀に入ってから急速に増えてきた。第七章で述べるように、撤回論文数のワースト10には、日本人が一位と七位に、ワースト30には五人も入っている。

どうして急に増えてきたのであろうか。一つには、国立大学の法人化（二〇〇四年）の前あたりから、大学の財政が苦しくなり、競争的資金がないと研究ができないようになったことがあるのではなかろうか。論文発表、評価、研究資金獲得などの圧力のなかで、選択と集中が進み、競争が激しくなった。研究者たちは、圧力とストレスにさらされ、不正に走る人が増えてきたのであろう。加えて、わが国は、研究不正に関して初心（うぶ）であり、あまりにも無関心であったことがある。

本章に加えて、各章でも、それぞれのテーマに応じた事例を紹介した。そのなかには、研究とは直接関係ない社会不正の事例も入っているが、それらの背景は、研究不正と共通するものがある。これらの事例から「不都合な真実」を直視してほしい。

なお、本書では、次に示す理由により、研究不正に直接関わった日本人の実名を表示せずに、イニシャルで示すことにした。

・本書の目的は、研究不正者の追及ではなく、彼ら／彼女らが起こした事例から学ぶことである。このため、あえて個人名を明示する必要はない。
・研究不正は倫理規範に違反しているが、法律に違反しているわけではない。このため、有罪が確定した一人（事例28）を除いて、実名を表示しないことにした。

・研究不正者は、すでに所属機関から処分され、さらに名前を公開されたことにより社会的制裁、特に研究コミュニティからの制裁を受けている。

・前著の『がん遺伝子の発見』[10]（一九九六年）と同じように、本書が国内で、広い範囲の読者層に長く読まれるであろうことを考えると（期待すると）、二〇年、三〇年以上にわたり、実名の挙げられた個人とその家族が世代を超えて不名誉にさらされるのは著者の本意ではない。

・実名を挙げることにより臨場感をもって事例を記述できるのは確かであるが、その分は事実の描写で補えるはずである。

事例1　大英帝国の誇り、ピルトダウン人[11,12,13]（イギリス、一九一二年）

七つの海を制覇し、世界の知と富の頂点に立つ大英帝国の国民にとって、人類の起源がドイツのネアンデルタール人（一八五六年発見）、ハイデルベルグ人（一九〇七年発見）、フランスのクロマニヨン人（一八六八年発見）であることは、我慢がならないことであった。それに、同じ英国人のダーウィンが『種の起源』を発表し、進化の考えが定着しようとしているのに、霊長類と人類を結ぶ存在は明らかになっていなかった。そこに登場したのが、ピルトダウン（Piltdown）人である。以下、ロンドン自然史博物館の報告[11]をもとに、一つの頭蓋骨をめぐる物語を追ってみよう。

化石収集が趣味の弁護士ドーソン（Charles Dawson、一八六四〜一九一六）は、サセックス州のピルトダウン村の砂利採掘現場から、一九〇八年、ヒトの頭蓋骨の断片を入手した。いくつもの骨片、歯、石器を手にしたドーソンは、化石魚の研究で有名な自然史博物館の研究者であり、旧友のウッドワード（Smith Woodward、一八六四〜一九四四）と共同で発掘を開始した。間もなく、彼らは、下顎骨と二本の臼歯も発見する。それらは一人に由来するという仮定のもと、頭蓋骨が復元された（図2-1）。頭蓋骨は、原人としてはかなり大きく、高い知能を示唆していた。下顎骨は類人猿に似ていたが、臼歯のすり減り方から人類が疑われた。

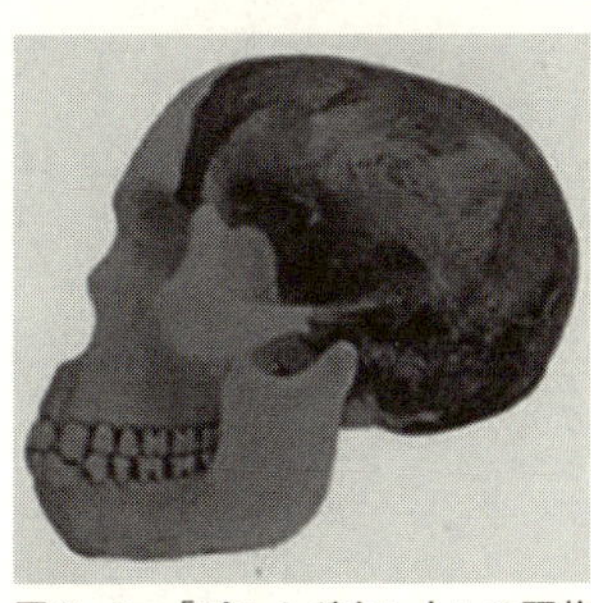

図2－1　「ピルトダウン人」の頭蓋骨（色の濃い部分）。ロンドン自然史博物館報告11より

人間の頭蓋骨と類人猿の下顎骨をもつ原人。それは、ダーウィンが証明できなかった両者を結ぶ存在であった。一九一二年、ドーソンとウッドワードは、ピルトダウン人を、五〇万年前の原人としてロンドン地質学会に発表した。

一九一四年には、ゾウの化石で作られたクリケットゲーム用バットそっくりの道具まで発掘された。原人もクリケットを楽しんでいたのだ、まさにイギリス人だと、人々は喜んだ。しかし、このとき、できすぎた話に気がつくべきであった。表面をよく見れば、金属で削ったことが分かったであろう。

ついに、大英帝国は、人類発祥の地であることが明らかになった。しかも、その頭蓋骨は、現代人と同じように大きく、イギリス人の知能の高さを裏づけ、その上、クリケットまでしていたのだ。ピルトダウン人、それは自然史博物館の報告書がいうように「国の誇り(A matter of national pride)」であった。

ピルトダウン人のメルトダウン

ピルトダウン人の報告に疑いをもつ人もいた。化石の詳細や年代、さらには下顎骨と頭蓋骨が同一の原人に由来するかどうかも明らかでなかった。しかし、当時の学会の権威者たちがそろって支持したこともあり、ピルトダウン人は、事実として受け入れられるようになった。

一九二九年、北京郊外の周口店から北京原人の頭蓋骨が発見された。さらに、アフリカからも、原人の化石が発見された。それらの化石の解析から、顎や歯が進化した後に、脳が発達することが確かになってきた。ピルトダウン人の脳と下顎骨は、人類の進化と矛盾している。

一九四〇年代になると、カルシウムを含む骨や歯にフッ素が蓄積することを利用した年代測定法が確立した。一九四九年、自然史博物館は、フッ素測定法により、ピルトダウン人の化石は、五万年以内の骨であることを明らかにした。一九五三年、オックスフォード大学の二人の研究者が、頭蓋骨はヒトの骨ではあるが、下顎骨はオランウータンの骨であることを証明した。歯の表面を検査した結果、ヒトに似せるためにヤスリをかけた跡が見つかった。骨は、古く見せるために表面を染めていることも分かった。

一九五三年一一月二一日、自然史博物館は、一九一二年以来四一年間にわたり生き続けてきたピルトダウン人は、存在しなかったと発表した。ピルトダウン人は、メルトダウンした。

いたずらの犯人は誰か

一体誰が、ピルトダウン人を仕掛けたのであろうか。一番疑われたのは、発見者のドーソンと共同研究者であるウッドワードである。しかし、決定的な証拠は出なかったし、彼らは、死ぬまで本当に信じていたとしか思えなかった。シャーロック・ホームズの作者コナン・ドイル（Sir Conan Doyle、一八五九〜一九三〇）も疑われた。その理由は、彼がピルトダウンの発掘現場のすぐ近くに住んでいた、医学部出身で骨の知識があったなどの状況証拠だけである。これでは、ホームズやワトソンから相手にしてもらえないであろう。

犯人は、意外な展開から明らかになった。一九七〇年代、自然史博物館の改修工事が行われた。屋根裏部屋から、布地の旅行用のトランクが見つかった。表には、ウッドワードの助手であり、ピルトダウン人発見当時の地質学部門の助手であったヒントン（Martin A. C. Hinton、一八八三〜一九六一）のイニシャルがあった。トランクのなかには、ピルトダウン人の化石と同じように染められたり、削られたりした骨や歯の化石が入っていた。ゾウやカバの化石も入っていた。化石は、表面をクロム酸ですかすかにした後、酸化鉄やマンガンでいかにも古く見えるように染められていた。それは、ピルトダウン人と同じ手法であった。一九九六年、ネイチャー誌は、ヒントンが真犯人であると報告した。[12]

ヒントンは、だまし続けることが途中で怖くなったのであろう。いたずらであることを気づかせるために、クリケットのバットまで作ったが、それも信じられてしまった。『背信の科学者たち』[1]の著者は、いたずらに気がついてもらうためには、「ウッドワードの名前の刻まれた骨を埋めておくべきであった」と書いている。しかし、いたずらとしても度が過ぎている。本人はいたずらの気持ちであったかもしれないが、世界中の人々は、四〇年以上だまされてきたのだ。

二〇一二年一二月、ネイチャー誌はピルトダウン人発見一〇〇年を記念して、その経過をまとめた記事を載せた。そのなかで、同じようなことはくり返されるとして、日本で起こった旧石器ねつ造（事例11）を紹介した。[13]

事例2　三四年生き続けた偽りの細胞[14]（アメリカ、一九一二年）

一八九四年、時のフランス大統領が暗殺された。暴漢に刺されて救急搬送されたが、当時の医療技術では切られた静脈をつなぐことができなかった。そのことを知った若き医学生のカレル（Alexis Carrel、一八七三〜一九四四）は、血管縫合を思い立つ。絹の都と言われたフランスのリヨンに生まれた彼は、絹刺繍の作家のもとに通い、絹糸を用いて血管を縫合する技術を編み出した。一九一二年、カレルは、血管縫合法の開発によりノーベル医学賞を受賞した。血管縫合は、今では日常的に行われる手術手技であるが、一〇〇年前には革命的な技術であった。

ノーベル賞受賞の前年、ロックフェラー研究所において、カレルはまったく別な実験を開始した。ニワトリの胎児の心臓をガラスの器の中で培養し始めたのである。今では、普通に行われる細胞培養であるが、その当時、体外で細胞を飼うことなど想像もできなかったに違いない。細胞を培養するための培地などなかったので、彼は、ニワトリの胎児をすりつぶした抽出液を培地として使った。ガラス壁に組織を貼り付けるためにも、同じ抽出液を「糊」として用いた。培養器も自分で作った。私が細胞培養を始めた一九六〇年代には、直径三センチくらいの円形のガラス容器から細い口が飛び出した「カレル瓶」が実験室にあったのを覚えている。

カレルと共同研究者のエベリング（Albert Ebeling）が培養に成功したのは、一九一二年一月一七日であった。その細胞は、増殖が落ちると、新しいニワトリの胎児の抽出液が加えられ、新しい「糊」の上に植え替えられた。ニワトリの細胞は、ロックフェラー研究所の奥まった部屋で、培養され続けた。一九二四年一月、ニューヨーク・トリビューン紙は、カレルの細胞の一二歳の誕生日を祝福する記事を載せた。人々は、個体には寿命があっても細胞には寿命がないものと信じ、偉大なる実験に喝采を送った。カレルが一九三九年フランスに戻った後も、エベリングによって培養され、一九四六年まで、何と三四年もの長い間ニワトリの細胞は生き続けたのである。

図2－2　カレル

しかし、今、カレルの実験を信用している人は一人もいない。細胞培養の技術は、一〇〇年前とは比べようもないほど進歩したのに、正確にはそれゆえに、カレルの実験は追試できないのだ。一九六一年、ペンシルバニアのヘイフリック（Leonard Hayflick）は、ヒトの正常細胞は、一〇ヶ月を超えて培養できないことを報告した。[15] 個体と同じように、細胞にも寿命

（ヘイフリックの限界）があることがはっきりした。その頃、試験管内で正常細胞をがん化させる実験を開始した私は、一九六六年、がん化した細胞が、「ヘイフリックの限界」を超えて培養できることを証明することができた。[16]

細胞は入れかえられた

なぜ、カレルは、三四年間もニワトリの細胞を「培養」できたのであろうか。細胞が死にそうになるたびに、新しい細胞が補給されたという証言が残っている。最初の証人は、シカゴ大学のバックスバウム（Ralph Buchsbaum）である。[14] 一九三〇年の夏、彼はロックフェラーのカレルの研究室を訪ね、有名な細胞を見せてほしいと言った。カレルは休暇を取っていたが、カレルの実験助手が親切にも細胞を見せてくれた。彼女はこっそりと教えてくれた。「新しい細胞を加えてばかりです。細胞が死に絶えたと聞いたら、ボスは悲嘆するでしょう。そのために、実験のたびに新しい細胞を加えているのです」。後にバックスバウムは、彼女がファシスト支持者のカレルを嫌い、彼をおとしめるために、細胞を混入していたのではないか、という話を聞かされた。

二人目の証人は、カレルの理論の誤りを証明したヘイフリックである。彼は、一九六〇年代の初め、プエルトリコに招待された。講演を終えたとき、一人の女性がやってきて、カレルの実験助手をしていたと名乗り出た。植えかえのとき、培養片を貼り付けるための「糊」から、細胞が生えだしてきたのを発見した。技術者のボスに報告したところ、そのようなことは他言しないように言われた。世界恐慌の最中（一九二九年）に職を失いたくないので、彼女はひたすら実験を続けたという。

私は、これらのことを確認するために、旧知のヘイフリックにメールで問い合わせた。彼から、その当時のことを詳しく知らせてきた。しかし、ヘイフリックがプエルトリコで会った女性と、バックスバウムが会ったアンチ・ファシストの実験助手が同一人物かどうかは分からないといってきた。

ヘイフリックは、もう一つのエピソードを書いてきた。細胞培養の創始者の一人であるパーカー（Raymond Parker）がカレルと会ったとき、ニワトリの胎児抽出液は凍結保存しても大丈夫だと進言した。しかし、カレルは、凍結すると新鮮な抽出液に含まれている栄養物が壊れてしまうと説明した。事実は、凍結すると抽出液に混入している生きた細胞が死んでしまうためであった。カレルが、どこまで真実を知っていたかは、今となっては分からない。

一九三九年、フランスに戻ったカレルは、優生学の考えに基づき、弱者、ユダヤ人を排斥するための財団、その名も「人間問題研究財団」をドイツ占領下のパリに作った。カレルは、一九四四年一一月五日、パリ解放から三ヶ月後に死亡した。彼の細胞は、一九四六年四月二六日に廃棄された。

私が、リヨンのＷＨＯ（世界保健機関）のがん研究所で働いていた一九七五年当時、リヨン大学の医学部は、アレキシス・カレル大学という名前だった。リヨン生まれのカレルは依然として尊敬されているのだと思ったのを覚えている。しかし、間もなく、カレルがヒトラーに協力したのが問題にされた。大学の名前は、ボジョレー出身の生理学者、クロード・ベルナール（Claude Bernard、一八一三〜一八七八）の名前に変えられた。フランスの二〇を超す都市にあった「カレル通り」は、聴診器の発明者であるラエンネック（René Laennec、一七八一〜一八二六）の名前になった。

カレルが血管縫合法の開発で多くの命を救ったのは確かだが、今は、三四年間続いた偽りの細胞と、ナチへの協力者として名前を知られている。

事例3　スターリンの庇護のもとに弾圧したルイセンコ[1,17]（ソ連、一九二九年）

農家に生まれ、農業専門学校を卒業したルイセンコ（Trofim Lysenko、一八九八〜一九七六）は、一九二九年「春化現象」を発表した。彼は、冬小麦（秋まき小麦）を水で冷やせば、春に栽培でき、しかも春小麦よりも収穫が多いと主張した。農夫である彼の父親は、息子の依頼で、冬小麦を水に浸して栽培した。ルイセンコは、遺伝的性質は、春化の方法によって変化すると考え、メンデル遺伝学を否定した。後天的に獲得した性質が遺伝するというルイセンコ説は、努力は報われるという点で、共産主義にとって都合のよい理論であった。弁証法的唯物論としてスターリンから支持されたルイセンコ説に対し、メンデル遺伝学は、ブルジョア理論であるという共産党の思想教育により排斥された。

図2-3　ルイセンコ

一九四〇年、ソ連科学アカデミー遺伝学研究所長となったルイセンコは、正統派遺伝学者たちを弾圧した。彼らは、ルイセンコ派に告発され、捕らえられ、獄死した。生物学者たちは、生き残るためには、ルイセンコ主義に転向するほかに術はなかった。一九四八年のソ連農業科学アカデミー総会は、農業科学の最高の権力をルイセンコに与えると決議した。その陰で、ソ連の農業は荒廃していったが、その事実は隠された。

一九五三年、スターリンが死亡する。この年、ワトソンとクリックはDNAの二重らせん構造を発表した。それはルイセンコ理論が間違いであることを決定的に証明した発見であったが、彼にとってはスターリンの死亡の方が痛手であった。スターリンの死後、ルイセンコはフルシチョフに取り入った。しかし、フルシチョフの解任（一九六四年）後、ルイセンコは力を失う。一九六五年、ルイセンコの試験農場を査察した専門委員会は、牛乳の生産増加に関するルイセンコの発表には、データに改ざんがあるとして、ルイセンコを告発した。

ルイセンコ学説は、左翼系科学者によって日本に紹介され、論争が繰り広げられた。物理学者であり、思想家であった武谷三男は、二〇〇〇年に亡くなるまで、ルイセンコ学説を信じ続けた。[18] ルイセンコ農法は信奉者たちによって農業の場でも実践されたが、現代遺伝学に基づく品種改良に期待する農民たちに受け入れられなかった。ルイセンコの獲得形質の遺伝という考えは、思想の驕りでもあった。そのような驕りは、幸いなことに遺伝しなかった。

失脚一〇年後のルイセンコ

私は、文部科学省の世界トップレベル研究拠点プログラム（WPI）の評価委員のメキシコの進化生物学者、ラズカノ（Antonio E. Lazcano）と食事を共にしていたとき、彼がルイセンコと食事をしたことがあるという話を聞き驚いた。それは、一九七五年九月、二五歳のラズカノが生命の起源の研究で有名なオパーリン（Aleksandr I. Oparin、一八九四〜一九八〇）を訪ねて、モスクワに行ったときであった。ソ連科学アカデミーのレストランで、オパーリン夫妻と食事をしているとき、額に髪の毛をたらしたやせた老紳士が入ってきた。彼は仕立てのよいスーツを着ていた。レストランの客は、スープに目を落としたり、メニューを見たりするなど、その人に気がつかない振りをした。レストランは満員であったが、誰一人、ルイセンコとの同席を望んでいないのは明らかであった。彼は、オパーリンと挨拶をし、テーブルにやってきた。オパーリン夫人がラズカノにその紳士を紹介した。ルイセンコであった。

ルイセンコの全盛時代、オパーリンは、ルイセンコから目をつけられている若い分子生物学者たちを守る役割を果たしていたが、ルイセンコとの関係はそれほど悪くなかった。オパーリンとルイセンコは、賢明にも科学や政治の話を避け、メキシコからの若い客をもてなした。ルイセンコは、共産党員でもあるメキシコの画家たちの美術に詳しかったという。

ルイセンコの研究室は、まだ、アカデミーの建物の二階にあった。ルイセンコは、失脚から一〇年後にも研究室を与えられ、人々から恐れられていたのだ。それから一年後の一九七六年にルイセンコは死亡した。オパーリンは、その四年後の一九八〇年に死亡した。一つの時代が終わった。一九九一年、ソ連は六九年の歴史を閉じた。ルイセンコは、共産主義と共産党の時代をともに生き、その庇護のもとに、その名において、科学と科学者を抑圧したのであった。

事例4　移植の代わりにフェルトペンで塗られたマウス[1、19]（アメリカ、一九七四年）

一応科学者としての教育を受けているからには、ねつ造もそれなりに手の込んだ方法を使うのではと思うかもしれない。しかし、なかには笑ってしまうような単純な方法によったものもある。たとえば、サマリン（William Summerlin）は、マウスの毛をフェルトペンで黒く塗って、黒いマウスの皮膚を移植できたと主張した。移植していない方のウサギの眼を見せて、ヒトの角膜は濁ることなく定着したと報告した。手品にしてもあまりにもお粗末なネタである。しかし、研究の大御所も超一流の研究所もそれに簡単に引っかかってしまったのである。

一九七一年、三二歳の皮膚科医、サマリンは、ミネソタ大学のグッド（Robert A. Good）の研究室の研究員となった。グッドは、免疫の研究でアメリカ版ノーベル医学賞といわれるラスカー賞を授与され（一九七〇年）、がん免疫の研究ではタイム誌の表紙を飾っている（一九七三年）。次はノーベル賞と期待がかかっていた。一九七三年、グッドは、がん研究の中核研究所の一つであるスローン・ケッタリング研究所の所長となり、サマリンも一緒にニューヨークに移ってきた。

サマリンは、異種間の移植を可能にする特別な方法を編み出したというふれこみであった。移植する前に、組織を体外で一週間以上培養すると、系統の異なるマウスの間でも、ヒトと実験動物の間でも移植が可能になるというのだ。その証拠に、サマリンは、白いマウスに系統の異なる黒い毛のマウスの皮膚を移植してみせた。グッドは、これで、ノーベル賞に一歩近づいたと思ったことであろう。

一九七四年三月二六日、サマリンは、ボスのグッドと午前七時に会うことになっていた。サマリンは、前夜から泊まりこんでいたサマリンは、一八匹のマウスの入ったケージを台車に載せて、グッドの部屋に向かった。途中、黒い毛の色が薄くなっているのに気がついたサマリンは、白衣のポケットからフェルトペンを取り出し、黒く塗り直した。グッドは、マウスを一瞥しただけで何も言わなかった。グッドが問題にしていたのは、サマリンの共同研究者が、実験に問題があると訴えてきたことであった。

図2-4　サマリン

話し合いが終わった後、マウスを動物室に戻した。戻されたマウスの毛の色がおかしいのに気がついた実験助手が、アルコールで拭いてみたところ、色が落ちてしまった。手品のネタがばれた瞬間であった。助手はこの事実を別の研究者に伝えた。その研究者もまた、サマリンの方法で副甲状腺の移植を試みて、失敗に終わっていた。事実はグッドに伝えられた。グッドに問いただされたサマリンは事実を認め、直ちに調査委員会が設けられた。

ねつ造は、皮膚だけにとどまらないことが明らかになった。コーネル大学の眼科との共同研究で行ったヒト角膜をウサギの眼に移植する実験もねつ造であった。ヒト角膜は、サマリンの方法によって培養された後、ウサギの片方の眼に移植された。残りの片方の眼は対照として移植しないでおいた。

一九七三年一〇月、ヒト角膜を移植したウサギは、移植に関する免疫で一九六〇年にノーベル医学賞を獲得したメダワー（Sir Peter Medawar、一九一五～一九八七）の前で供覧された。そのとき、サマリンは、何もしていない眼を、彼の方法で前処理をした角膜を移植した眼であると説明した。実際には、前処理の有無にかかわらず、移植した角膜は定着せずに混濁していたのだが、隠しておいた。これは、手品というより、詐欺師の手口である。

メダワーは、次のような趣旨を述べている。「ウサギは、澄み切った眼でわれわれを見ていた。角膜の周囲の血管が乱れていなかったので、このウサギが移植を受けたとは思えなかった。しかし、私には、ペテンだと言い出すだけの勇気はなかった」。

調査委員会は、サマリンが、研究を正しく適切に判断することができず、自己欺瞞と常軌逸脱に満ちている、と報告した。

一九七四年四月、ニューヨーク・タイムズ紙がサマリンのスキャンダルを報道すると、大騒ぎになった。二年前のウォーターゲート事件になぞらえて、メディカル・ウォーターゲート事件と呼ばれるようになった。ちょうどその頃、私の友人の大倉久直（当時国立がんセンター病院）が、スローン・ケッタリング研究所を訪ねている。研究所の前は、大勢のマスコミ記者であふれ、大倉までが取材される有様だったという。

事例5　希代の論文泥棒[1、20、21、22]（アメリカ、一九八〇年）

一九七七年、二三歳のエリアス・アルサブチ（Elias Alsabti、一九五四〜一九九〇）は、野心を胸にアメリカにわたった。ヨルダンのフセイン国王の弟ハッサン皇太子から財政的な支援を受け、帰国すれば、彼のために研究所が用意されているという話であった。長身を白いスーツでおおい、黄色のキャデラックに乗り、頭も切れる彼にとって不足しているのは、学位と学者として有名になるための論文リストであった。彼は、論文リストを驚くべき方法で手に入れた。その結果、アルサブチは、学者としてではなく、論文泥棒として後世に名を残すことになる。

論文泥棒に侵入された日本のジャーナル

一九八〇年、東大医科学研究所（医科研）の積田亨所長は、彼自身が編集長を兼務している医科研の英文ジャーナル『日本実験医学ジャーナル』（The Japanese Journal of Experimental

Medicine）に、盗作論文が掲載された事実にショックを受けた。自分たちのジャーナルが盗作論文発表の場として使われたのだ。その当時、医科研の助教授であった私は、教授総会で問題になったこの事件をよく覚えている。

一九七八年から七九年にかけて、医科研のジャーナルに、アルサブチの名前で、七編の論文が掲載された。そのうちの一つの論文が一九七三年にヨーロッパのジャーナルに発表された論文とまったく同じ内容であると、ヨーロッパの編集長から医科研に連絡があった。アルサブチは、一九七三年に発表された他人の論文を、そのままタイプで打ち直し、タイトルを変え、著者を自分に変えて医科研に送ってきたのである。すでに他で採択されている論文であれば、審査によって大きな問題を発見するのは難しい。もしかしたら、私が審査をしていたのではないかと心配になったが、私がフランスにいた頃に投稿された論文がほとんどであった。一九八〇年、医科研は、アルサブチの投稿論文をすべて撤回した。アルサブチに侵入された日本のジャーナルは、医科研だけではなかった。札幌医科大学、国立予防衛生研究所（現国立感染症研究所）もまた、アルサブチの盗用論文を載せていた。

研究室をわたり歩いては、盗作を続ける

一九八〇年六月になると、サイエンス誌[21]、ネイチャー誌[22]が相次いで、アルサブチの論文盗

図2−5　アルサブチ

用を取り上げた。特に、サイエンス誌の記事は、後にピューリッツァー賞を二回受賞するウイリアム・ブロード（William J. Broad）が執筆しているだけに、迫力がある。ブロードらは、『背信の科学者たち』のなかでも、アルサブチについて詳しく書いている。[1] これらの記事から、人々は、ウソにまみれた彼の経歴と論文盗用を知ることになる。

アルサブチは、世渡りの術に長けた如才ない男であった。特に、上層部に取り入るのが上手で、次々に新しいホストを探し、野心を満たしていった。イラクのバスラに生まれたアルサブチは、イラク政府から迫害されたと偽って、ヨルダン王室に取り入った。ハッサン皇太子の信用を得たアルサブチは、ブリュッセルの国際会議に参加させてもらう。一九七七年、国際会議でたまたま話をしたフィラデルフィアのテンプル大学の教授を頼ってアメリカにわたり、無給の研究員として採用された。

しかし、テンプル大学は長く続かなかった。基本的な教育を受けていないことがばれて、大学を追い出されると、今度は、同じフィラデルフィアのジェファーソン大学の微生物学教室に移ったが、データのねつ造により、そこも追放された。ジェファーソン大学を去るとき、ボスの研究費の申請書と論文の草稿をもち出した。その上、テンプル大学研究室の女性と結婚した。彼は、盗んだ申請書を総説として、アメリカの目立たないジャーナルとチェコスロバキアのジャーナルに送った。

アルサブチは、ハッサン皇太子の支援をよいことに、ヨルダン王室の一員であるかのように振る舞った。アルサブチを信用していたヨルダン王室は、彼の研究に資金援助し続けた。彼は、ヨルダンの軍医総監の紹介状をもって、アメリカのがん研究の中核病院である、ヒューストンのMDアンダーソンがんセンターの病院長と直接交渉した。アルサブチは、無給のボランティアとして、研究に加わることが許された。

この頃から、アルサブチは、本格的に論文盗作を始めた。あるときは郵便受けから、査読のために送られてきた原稿を盗んだ。アルサブチは、その原稿をそっくりタイプし直して、日本の予防衛生研究所のジャーナルに投稿し、採択された。アルサブチは、日本のジャーナルに掲載された吉田孝宣（国立がんセンター病院内科）の論文を、自分の名前に変えて、スイスのジャーナルに送った。この事実を知った国立がんセンターが猛烈に抗議したことが、ブロードによって、吉田の名前とともに紹介されている。[1]

ついに発覚

ついに、アルサブチの盗作が発見される日が来た。彼の総説にジェファーソン大学からの申請であることを明確に示す文章が残っていることに、研究室のボスが気づいたのだ。彼は、MDアンダーソンがんセンターを追放になった。アルサブチは、次にヒューストンのベイラー大学の研修プログラムに応募した。しかし、彼の四三編にもおよぶ「立派すぎる」論文リストが、逆に彼の履歴を疑わせることになり、採用されなかった。次にボストンに職を求めたが、すでに盗作で有名になっていたアルサブチを雇用する病院はなかった。

天性のペテン師

アルサブチは、わずか四年足らずの間に、なんと六〇編もの論文を盗作していた。盗作であれば、右から左に論文を回せばよいと思うかもしれないが、実際には、盗んだ論文をタイプし直さなければならないし、採用までには、何回も編集部とやり取りし、そのたびに論文に手を加えなければならない。コンピュータも、ワードプロセッサーもない時代にこれだけのことを行うのは大変な作業である。泥棒にも、それなりの苦労はあるのだ。

アルサブチは、天性のペテン師であった。詐欺師、ペテン師には、自分が悪いことをしていると自覚しながら続ける人と、ウソをついているうちに、自分で信じきってしまう人がいるという。アルサブチは後者である。

一九九〇年、アルサブチは、南アフリカで交通事故により死亡した。しかし、事故死の証明がないため、偽装ではないかという説もある。

事例6　崩れた天空の城[1,23,24]（アメリカ、一九八一年）

「天空の城を築くのに建築の法則は通用しない（There are no rules of architecture for a castle in the clouds.）」。一九八一年、ラッカー（Efraim Racker、一九一三〜一九九一）と彼の大学院生スペクター（Mark Spector）は、サイエンス誌の論文の冒頭を、この言葉で飾った。[25] イギリスの作家、チェスタトンの言葉を引用することにより、彼らは、これまでの常識の通用しない「天空の城」を築いたことを宣言したのだ。しかし、その一週間後には、「天空の城」は、粉々に崩れてしまった。

一九八〇年一月、スペクターは、シンシナティ大学からの輝かしい推薦状をもって、アイビーリーグの一つであるコーネル大学にやってきた。彼は、ノーベル賞候補に名を連ねるラッカー研究室の大学院生となった。スペクターは、教授の期待を裏切らなかった。新しい技術を吸収し、二ヶ月後には、それまで誰もできなかった細胞膜の酵素（ATP分解酵素）精製に成功した。それまで精製が難しかったのは、酵素がリン酸化されているためであり、さらにがん細胞ではリン酸化によって酵素の働きが弱っているのだ、と教授に説明した。ラッカーは、スペクターの実験結果に興奮した。それこそ、彼が長年求めていたデータだった。

次の焦点は、ATP分解酵素のリン酸化を起こすリン酸化酵素であった。スペクターは、六ヶ月以内にそのカギを握るリン酸化酵素四種類をすべて明らかにした。しかも、そのうちの一つは、その当時最

図2-6　ラッカー

も注目されていたサーク（src）がん遺伝子であった。サークがん遺伝子がリン酸化により活性化し、さらにリン酸化を進めるというのだ。このように、ドミノ式に反応が進むことを、生物学者は、小さな滝が連続する流れを意味する「カスケード（Cascade）」と呼んでいる。スペクターのモデルにしたがうと、リン酸化カスケードの到着点は、ラッカーの生涯をかけての研究テーマであったATP分解酵素であった。ATP分解酵素が不活化された結果、エネルギーが無駄に消耗されるようになり、細胞のがん化にいたる、というのだ。それは、これまで誰も考えたことのない、がんの本態に迫るような研究成果であった。この発見により、一九五六年にワールブルグ（Otto Warburg）が提唱したがん細胞のエネルギー代謝を説

明できる。がんを統一的に説明できるようになったのだ。ラッカーが誇らしげに、「天空の城」と呼んだ研究がそれであった。

リン酸化酵素は、リン酸という小さな分子をタンパクにくっつける役割を担っている。なぜ、リン酸化が重要なのだろうか。実は、リン酸は、酵素のスイッチの役割をしている。リン酸がくっつけば活性化し、外れれば不活化する。このことを、一九五〇年代の半ばに筋肉の酵素を使って証明したクレブスとフィッシャーは、一九九二年のノーベル医学賞を受賞している。一九七八年には、最初のがん遺伝子、サークがリン酸化酵素であること、そして一九八〇年には、サークは普通のリン酸化とは異なり、タンパクを構成するアミノ酸のうちチロシン残基を特異的にリン酸化することが報告された（ハンター、第四章）。生命科学の研究者たちの興味が一気にリン酸化に向いていた、まさにそのときに、スペクターは誰も考えなかったようなリン酸化カスケードモデルを提唱したのであった。

図2-7　スペクター

スペクターの研究は、生命科学の研究者たちを魅了した。一九八一年にラッカーがアメリカ国立がん研究所（NCI）で行ったセミナーには、二〇〇〇名の人が詰めかけたという。その当時、フランスから帰国し、新たな研究テーマを探していた私は、その後、リン酸化の研究に入っていくが、今から考えると、ねつ造とは知りながらも、彼らの研究によってインスパイアされていたのかもしれない。

単純で大胆な手品

賞賛の一方、スペクターの実験は、彼自身でなければ再現できないことが問題になり始めていた。きっと、スペクターは「マジックハンド」をもっているのだろう、と人々はうわさをし、納得した。実際、彼の手は手品師のそれであった。単純な手品のタネがついに明らかになるときがきた。

論文の共著者に名を連ねたヴォークト（Volker Vogt）は、実験が不安定であることが気になっていた。うまくいくときもあるが、まったく再現できないこともある。うまくいった実験は、きまってスペクターが行っていた。夜遅く、いつもは一七時間も働くスペクターのいない実験室に入ったヴォークトは、タンパク泳動をしたゲルが机の上に残っているのに気がついた。ガイガーカウンターを当てると、放射線を感知して音がなった。不思議なことに、ゲルの上に置かれているガラス板を通しても、ガイガーカウンターは反応した。このゲルは、サークがん遺伝子がリン酸化されたことを実験で証明したものである。標識されたアイソトープは、放射性リン（^{32}P）のはずだ。ベータ線を出す放射性リンは放射能が弱く、ガラス板を通らない。何ということだ。ヴォークトは混乱した。それは、「天空の城」論文の発表からちょうど一週間後であった。

タンパクを電気泳動すると、分子量にしたがって移動し、アイソトープでラベルされたタンパクはフィルムに感光する（第三章）。しかし、黒く写ったバンドから、放射線の種類まで区別することはできない。スペクターは、サーク遺伝子と同じ分子量の別のタンパクを放射性ヨード（^{125}I）でラベルし、標本に混ぜていたのであった。放射性ヨードは、ガンマ線を出すのでガラス板を通す。スペクターの手品は、あまりにも単純、かつ大胆であった。

ラッカーは、スペクターを詰問した。四週間の猶予を与えるので、その間にリン酸化酵素を作り直すように求めた。彼は、二週間あれば十分と平然と答えたが、ラッカーの前に戻ってくることはなかった。彼の学位論文申請は撤回された。シンシナティ大学の修士学位をもっていないことも明らかになった。その上、小切手の文書偽造で告訴され、執行猶予つきの懲役刑になったという。

正しかった仮説、間違った証明

スペクター事件から一二年後の一九九三年、リン酸化カスケードが確かなものになった。

細胞の外から増殖因子がくると、がん遺伝子の一つ、ＲＡＳのリン酸化酵素活性が活性化され、ＲＡＦがん遺伝子をリン酸化する。ＲＡＦは活性化されて、ＭＥＫを活性化し、さらにＭＡＰＫを活性化するというようにリン酸化カスケードが進む。

増殖因子→ＲＡＳ→ＲＡＦ→ＭＥＫ→ＭＡＰＫ→細胞分裂

スペクターは早すぎたのだ。もし、リン酸化カスケードモデルを一つの理論として発表し、その証明を実験者に任せていれば、スペクターは天才といわれたであろう。物理学と異なり、生命科学の世界では、理論だけではサイエンスとして認められない。理論的アプローチの軽視が、生命科学の研究不正の背景にあることについては、第七章で再び取り上げ考察する。

事例7　ゴア委員会直後のハーバード大学不正事件[1,26,27]（アメリカ、一九八一年）

一九八一年四月、研究不正に関するゴア委員会で証言した科学者たちは、研究不正など取るに足らないことであり、科学は自己修正機能をもっていると反論した（はじめに）。しかし、その数週間後、アメリカの医学の中心であるハーバード大学で、新たな研究不正が発覚した。問題となったのは、三三歳の循環器内科医、ダーシー（John Darsee）の一連の研究であった。ゴア委員会の直後に、ハーバード大学という名門で起こった研究不正であったこともあり、ダーシー事件は、アメリカで大々的に報道された。

ダーシーは、ハーバード大学に着任してからわずか二年の間に、一〇〇編もの論文と学会抄録を発表していた。それらの業績には、ハーバード大学の実力者である高名な内科医ブラウンワルド（Eugene Braunwald）教授が共著者として名前を連ねていた。ブラウンワルドは、ダーシーのためにハーバード大学に独立した研究室の開設を考えていた。彼らの研究に対して、ブラウンワルドには三〇〇万ドル、ダーシーにも七二万五〇〇〇ドルという高額の研究費が出ていた。

しかし、ダーシーの同僚たちは、彼の研究を信頼していなかった。ダーシーを密かに監視していた同僚たちは、彼がデータをねつ造している現場を目撃した。その事実を告げられたブラウンワルドは、「単発的な事件に過ぎない」と信じた。ダーシーは、これまでの「一三〇人の研究者のうちでも最も傑出した人物」であり、「一度罪を犯したのだから、再び捏造を行う機会は『消え失せた』」と考えた。

ダーシーは、何事もなかったかのように、研究を続けた。しかし、一度不正に手を染めた人間はくり返すのだ。研究不正は麻疹の感染とは違うことを、ハーバード大学の内科教授は知るべきだった。

ＮＩＨからも、ダーシーに対する疑問が寄せられた。心疾患の動物モデルについての共同研究のなかで、ダーシーのデータだけが他と大きく違っていたのである。ＮＩＨは、ブラウンワルドに説明を求め、ブラウンワルドはダーシーに説明を求めたが、満足できる答えはなかった。ブラウンワルドは、ダーシーについて徹底的に調査をしたと証言していたが、実は何もしていなかったことが判明した。

NIHとハーバード大の調査委員会は、決定的な事実をつかんだ。アイソトープを注射したはずのイヌの心臓から放射活性は検出されなかった。心臓を摘出したはずのイヌの埋葬遺体から心臓が発見された（アメリカでは実験動物も埋葬するのだ）。ダーシーのねつ造は疑う余地がなくなった。ハーバード大は、ダーシーの論文三〇報を撤回した。前任地のエモリー大学も、彼の五二の論文を撤回した。

ハーバード大学は、一二万ドルの研究費を返還しなければならなかった。これは、アメリカにおける研究費返還の最初の例となった。彼は、NIHへの研究費申請資格を一〇年間失い、研究の道を完全に絶たれた。それだけではない。医師として働くこともできなくなった。彼は、三五歳で病院を解雇され、三六歳でニューヨーク州の医師免許を停止された。優れた頭脳の持ち主であったダーシーは、不誠実で無責任な研究をしたために、最も実り豊かなはずの三〇歳代半ばですべてを失ったのである。

事例8　エイズウイルス発見をめぐる争い[16、28]（アメリカ、一九八三年）

一九八一年六月、カリフォルニア州で、五名の男性同性愛者の奇妙な肺炎が報告された。ヒトにはほとんど病原性がないと考えられていた微生物、ニューモシスティス・カリニによる肺炎（カリニ肺炎）であった。七月には、ニューヨークの男性同性愛者の間で、めったに見られない皮膚がん、カポジ肉腫が増えているという報告があった。エイズの最初の報告であった。それから三五年、エイズ患者は、全世界で四〇〇〇万人に達する。

エイズがウイルスによる伝染疾患であることが分かると、ウイルスの分離が急務となった。一九八三年五月、パスツール研究所のモンタニエ（Luc Montagnier）と、アメリカNCIのギャロ（Robert Gallo）が、エイズウイルスを分離したという報告を、サイエンス誌に同時に発表した。しかし、それから二五年もの間、エイズウイルスの分離という輝かしい研究成果は、ノーベル賞の対象にならなかった。それは、ギャロとモンタニエの間、アメリカとフランスの間で、ウイルス発見をめぐって激しい論争があったからである。

一九八七年、悪化する両国の関係を調停すべく、時のレーガン大統領とシラク首相は政治決着に動いた。ギャロとモンタニエをエイズウイルスの共同発見者とすることで合意し、それを裏づけるために、両者の間に何があったかを示す年表を発表した。政治決着の背景には、エイズウイルスの発見に伴う莫大な特許料があったのは確かだ。問題は決着し、ノーベル賞委員会は二人に医学賞を授与すると思われた。

シカゴ・トリビューン紙記者の追及

政治的決着に疑問をもった一人のジャーナリストがいた。シカゴ・トリビューン紙のピューリッツァー賞受賞記者のクルードソン（John Crewdson）である。ギャロからの協力は得られなかったものの、関係者への取材を続け、一九八九年一一月、クルードソンはエイズウイルス発見をめぐる疑惑をシカゴ・トリビューン紙の日曜版に掲載した。[28] クルードソンにより、以下に示すように、ウイルス発見をめぐる熾烈な競争と駆け引き、真実を求める科学からほど遠い不誠実なギャロの行為が明らかになった。

一九八三年二月、モンタニエと共同研究者のバレー＝シヌシー（Françoise Barré-Sinoussi）は、ブリュジエールという若い同性愛のエイズ患者からエイズウイルス（LAVと名づけられた）を分離した。モンタニエは、ギャロに電話をかけ、エイズの原因ウイルス候補を発見したことを伝えた。ギャロが分離したヒト白血病ウイルス、HTLV-1（後述）の抗体を送ってもらえれば、モンタニエの発見したウイルスが、白血病ウイルスと同じものかどうかが分かると思ったからである。しかし、ギャロの抗体は、モンタニエのウイルスに反応しなかった。両者は違うウイルスであることを示す最初の証拠であった。

ギャロは、われわれもエイズウイルスを分離して、論文を書いているところだ、早く論文を書いた方がよいと、モンタニエに忠告した。モンタニエとバレー＝シヌシーは、週末に集中して論文を書き上げ、ギャロに届けた。慌てていた二人は、考えられないことに、一番大事なアブストラクト（要約）を書き忘れていた。ギャロは、モンタニエに電話をして、急ぐのでアブストラクトは自分が書くといった。ギャロは、電話で彼の書いた文章を読みあげたが、フランス人の二人には、完全に理解できないまま、承諾してしまった（電子メールのない時代の話である）。

印刷された論文を読んだモンタニエとバレー＝シヌシーは、自分たちの論文が、ギャロに都合のよいように書き換えられているのに気がついた。モンタニエのウイルスは、事実に反して、ギャロのウイルス（HTLV-3）に反応したと書かれていたが、それを示すデータは論文になかった。その上、ギャロは、アブストラクトだけではなく本文にも、モンタニエの発見したウイルスはHTLVの一つと思われると書き加えた。これは、ねつ造としか言えない。それも競争相手の論文を、自分に都合のよいように書き換えたという点で、かなり悪質なねつ造と言わざるを得ない。この論文を読んだ人は、モンタニ

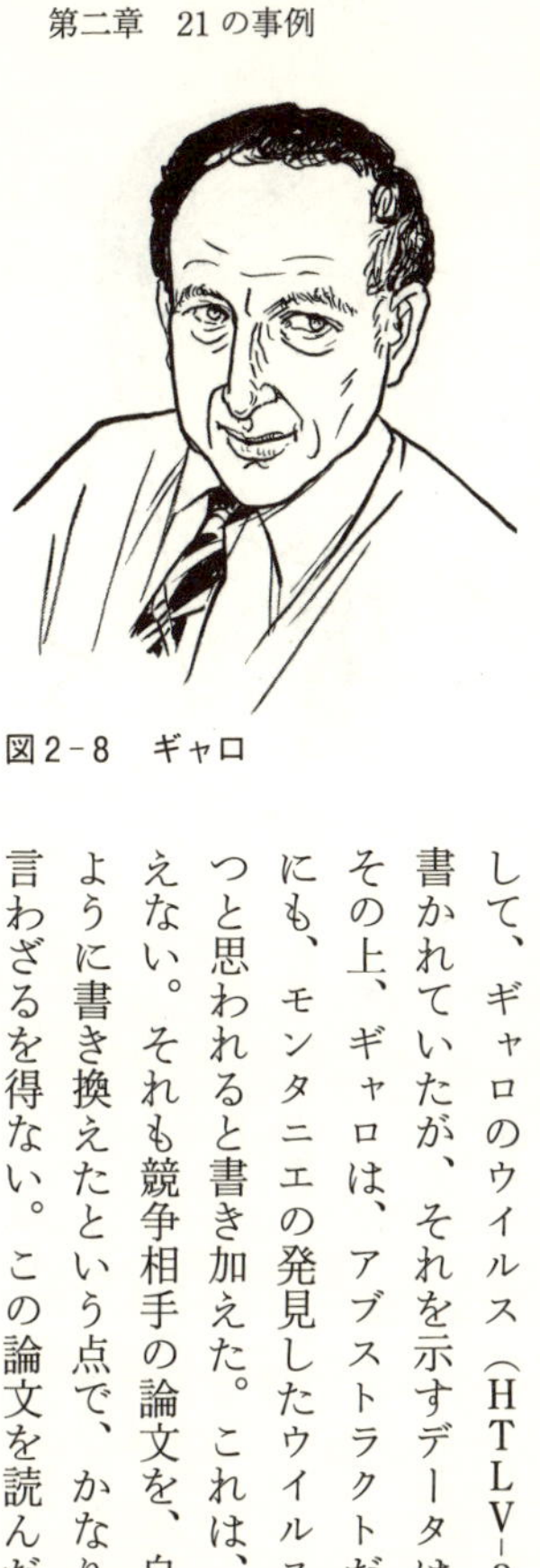
図2-8　ギャロ

エは、ギャロの発見を確認したのだと思った。

パリからの不快感の表明に対して、ギャロは、「彼の論文は一度サイエンスから却下されたのを、自分が取りなして採択してもらったのだ。彼は、それを忘れた忘恩の徒である」と言ったという。しかし、モンタニエは、論文が却下されたという話は聞いていていない。クルードソンの問い合わせに対して、サイエンス誌の編集者は、論文の審査過程はすべて

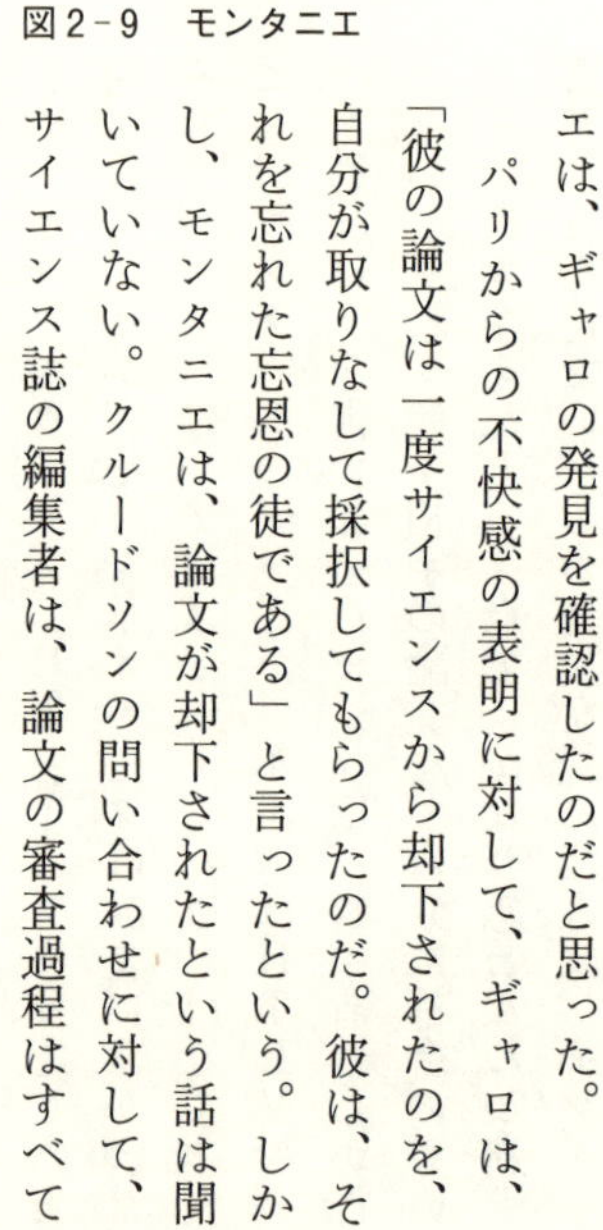
図2-9　モンタニエ

秘密であるとして、却下したかどうかについてコメントしなかった。
一九八三年七月、モンタニエは、ギャロの要望に応えて、自分の分離したLAVをギャロにわたした。研究者の間には研究材料を共有し、お互いに研究を進めるという紳士的な約束事がある。しかし、わたしした相手が悪かった。モンタニエは、人がよすぎたのだ。ギャロを信頼し、彼を頼りに論文を発表し、ウイルスの性質を明らかにしようとした。事態は再び混乱する。

ギャロのウイルスはモンタニエのウイルス

一九八三年の暮れ、モンタニエのLAVとギャロのHTLV-3ウイルスの遺伝子構造を調べたところ、驚くべき事実が明らかになった。ギャロのHTLV-3は、モンタニエのLAVであることが明らかになった。あれほどまでにモンタニエを非難し、自分のウイルスの正当性を主張していたのに、ギャロのウイルスは、モンタニエのウイルスそのものであったのだ。意図的か偶然かは分からないが、七月にモンタニエから譲り受けたウイルスが、ギャロのウイルスのストックに混入していたのであった。

一九八六年、エイズウイルスは、ヒト免疫不全（Human immunodeficiency）を意味するHIVという名前に統一された。ギャロはその名前に反対していたが、一年後には受け入れざるを得なくなった。

一九八八年、HIVが分離された最初の患者となったブリュジエールが、パリの病院で三八歳の孤独な生涯を終えた。亡くなる前、ブリュジエールは、自分からHIVが分離されたサイエンスの論文を見せられた。彼は、「誰か他人のことのように思えますね。私のことではないでしょう」と語ったという。

ギャロ対日沼頼夫

ギャロは、エイズウイルスの前にも、HTLV-1の発見をめぐって、日本の研究者と諍いを起こしている。[16] 話は、一九七三年までさかのぼる。その年、京都大学の高月清は、少し変わった白血病患者を診察した。この白血病（成人T細胞白血病）は、リンパ球のなかでもT細胞に由来する白血病であり、しかも九州地方に多いことが分かった。一九七八年、岡山大学の三好勇夫は、成人白血病細胞と正常T細胞を一緒に培養すると、正常細胞が感染し、白血病細胞になることを発見した。一九八〇年、京都大学の日沼頼夫（一九二五〜二〇一五）は、この白血病がウイルスによって起こる証拠を示した。それは、最初のヒトがんウイルスの発見であった。一九八三年、癌研究所の吉田光昭は、このウイルスが、RNAを遺伝子としてもつレトロウイルスであること、さらにその遺伝子の全配列を明らかにした。同じレトロウイルスであるエイズウイルスは、日本の研究の上に築かれたと言ってもよい。

そこに割りこんできたのが、ギャロであった。一九八〇年、ギャロは菌状息肉症というT細胞のリンパ腫から、レトロウイルスを分離したと発表した。その前の一九七八年に、オランダの研究者が、同じ菌状息肉症の患者からレトロウイルスの証拠をつかんでいたのだが、ギャロは、オランダの研究も、日本の研究も、軽視あるいは無視した。しかし、イギリスのウイルス学者のワイス（Robin Weiss）は、「日沼こそが、この研究で真の栄誉に値すると思います。ギャロは何も知らぬまま、このウイルスに出くわしたのです」と述べている。

ノーベル賞委員会の決定

二〇〇八年、ノーベル賞委員会は、エイズウイルスの発見に対して、モンタニエとバレー＝シヌシーを指名した。ギャロの名前はなかった。それは、ノーベル賞委員会が、エイズウイルスの発見の経過を詳細に検討して得た結論であった。三人目の受賞者は、ヒトパピローマウイルス（HPV）を発見したドイツがんセンターのツール・ハウゼン（Harald Zur Hausen）であった。私は、二五年以上にわたり、ともに日独がんワークショップを共同開催してきたツール・ハウゼンにお祝いのメールを送った。しかし、私としては、三人のなかに日沼の名前がないのが残念であった。一九六〇年代の終わり頃、アメリカ東海岸で研究をしていた日沼からモンタニエの開発した実験技術（軟寒天の中でコロニーを作る方法）について問い合わせを受けたとき、私はその詳細なプロトコルを日沼に送ったことがある。

私は、モンタニエからパスツール研究所にセミナーでよばれたことがあった。彼は、セミナーの後、伝統あるパスツール研究所を案内してくれた。その研究所で、何千万という人を肉体的、精神的に苦しめたエイズウイルスが発見されたのだ。パスツールの伝統は今でも受け継がれている。

事例9　ドイツ最大のスキャンダル[29,30]（ドイツ、一九九七年）

頻発するアメリカの事件を横目に、ドイツには問題となるような研究不正事件は起きていなかった。われわれは規範を守る人間であると、ドイツ人たちは誇りに思っていた。そこに起きたのが、ヘルマン（Friedhelm Herrmann）とブラッハ（Marion Brach）による研究不正であった。遺伝子治療などで注目されていた研究者だけに、不正行為は大きく報道された。しかも、二人は事実上夫婦の関係にあったということもあり、ドイツの大衆の興味を引き、大事件となった。

一九九四年、アメリカの若い研究者がヘルマンの研究室に入ってきた。彼は、すぐに論文のデータがおかしいのに気がつく。しかし、同じ研究室の同僚はそれを認めたものの、不利になるから動くなと諭された。研究所の教授たちも力にならなかった。彼は、アメリカに帰国した。一九九六年、ブラッハの研究室に入った若いドイツ人研究者、ヒルト（Eberhard Hildt）は、二人から脅かされてもたじろがなかった。ヒルトは、ドイツの研究助成機関（DFG）に公益通報をした。ラフ（RAF）がん遺伝子の分離で有名なビュルツブルグ大学のラップ（Ulf Rapp）を委員長とする調査委員会が立ち上げられた。実は、ラップと私は、アメリカの留学先で同門の関係にあり、彼からビュルツブルグに招待されたこともあれば、私を訪ねて日本にきたこともある。ラップの甲高い早口の追及が目に浮かぶようである。

ラップ委員会は、一八ヶ月をかけて、二人の論文を調査した。一九八五年から一九九六年の一二年間に三四七報の論文が発表されていたが、そのうちの九四報から不正が発見された。大部分の不正は、電気泳動画像の改ざん、再使用であった。オリジナルデータも実験プロトコルも見つからなかった。ブラッハの論文にも同じような不正が見つかった。ヘルマンが関与していないブラッハの論文にも同じような不正が見つかった。ブラッハは不正を認めたが、ヘルマンは最後まで否定した。

一九九七年、二人は大学を辞職した。ヘルマンは臨床医となり、ブラッハはニューヨークに移り研究から離れた。二〇〇四年、ヘルマンはドイツ政府と話し合い、示談を成立させ、一万ドルを政府に支払った。ヒルトは、その後、順調に出世し、研究所の教授になっている。

事例10　ワクチンによる自閉症誘発論文[31,32,33]（イギリス、一九九八年）

幸いなことに、現代社会においては、若くして感染症によって死ぬ悲劇は少なくなった。それは、ワクチンによる感染の予防と、抗生物質による感染症の治療のおかげである。しかし、ワクチンにも薬にも、予期せぬ副作用が起こることがある。頻度は低いにしても、本人と家族にとっては重大な問題である。ワクチンのように、健康な人への投与によって健康障害が起これば、人々がワクチンを避けたとしても不思議ではない。

ワクチンには、個人の病気の予防と、集団における病気の予防の二つの役割がある。インフルエンザや肺炎球菌ワクチンの場合、われわれは自分自身が病気に罹るのを予防するためにワクチンを接種する。一方、天然痘や麻疹のように、感染力が強く、他の生物を経ないで人から人へと直接感染する病気の場合、ワクチンは個人の予防と同時に、社会への感染の機会を減らすという重要な意義をもつ。このため、全員にワクチンを接種することが必要であり、実際、そのようにして多くの感染症が抑えられてきた。

麻疹を含む混合ワクチンを注射するのは、生後一～二年。ちょうど自閉症の症状も明らかになってくる時期と一致している。偶然その二つが重なると、家族は、単純に両者を結びつけて考えてしまう。アメリカ共和党議員のバートン（Dan Burton）は、孫がワクチンの注射を受けて間もなく自閉症になったとして、ワクチンに含まれている防腐剤をやり玉にあげ、アメリカの食品医薬品局（FDA）を追及した。

一九九八年、ロンドンのロイヤル・フリー病院の消化器科のウェイクフィールド（Andrew Wakefield）は、自閉症のような行動障害と腸炎の合併している新症候群の症例一二例を、最も権威のある臨床医学のジャーナル、ランセット（The Lancet）に発表した。[31] そのうちの八例は、麻疹（M）、おたふく風邪（M）、風疹（R）のMMRワクチンの投与直後に自閉症を発症した。このことから、MMRワクチンが、自閉症の原因である可能性をウェイクフィールドは指摘した。ワクチンが何らかの異常な免疫反応を惹起し、その結果腸管に炎症が起こり、炎症産物が神経組織に障害を与えるというのが、ウェイクフィールドの説明であった（現在、わが国では、おたふく風邪を除いた、麻疹と風疹に対するMRワクチンが使用されている）。

論文発表と同時に行われた記者会見で、ウェイクフィールドは、三種混合MMRワクチンをやめて、麻疹単独のワクチンに変更すれば安全であると主張した。しかし、彼はその前年、単独型麻疹ワクチンの特許を申請していた。もし、三種混合から単独型にイギリス中が切り替われば、彼は莫大な利益を得る立場にあったのだ。その上、論文発表の二年前には、MMRワクチンの副作用を追及する非営利法人の顧問に就任していた。彼の得た顧問料は七〇〇〇万円（四三万五〇〇〇ポンド）に達した。しかし、問題は「利益相反」だけではなかった。

一連の不正を暴いたのは、サンデイ・タイムズ紙の記者であった（二〇〇九年）。腸炎と自閉症の新症候群の患者をまだ一例も診ていない段階で、ウェイクフィールドはすでにランセット誌に掲載する論文の筋書きを書いていた。後は、その筋書きにあわせて、症例を作りあげたのだった。

ウェイクフィールドのいうのが正しければ、①MMRワクチン接種一四日以内に、②腸炎と③自閉症を発病しなければならないはずである。しかし、この三条件を満たす症例は、診療記録からは一例も発見できなかった。

事の重要性から、ウェイクフィールドの仮説を検証する研究が世界中で行われたが、誰も証明することはできなかった。大規模な疫学研究からも、ウェイクフィールドの論文は否定された。彼自身にも再現できなかった。二〇〇四年、ウェイクフィールドの論文は撤回された。

自閉症の子供の親たちは、この病気に対する社会の無理解、医療界の冷たい対応により、医療不信に陥っていた。「私の身に何が起こったかなどどうでもいいのです。大切なのは自閉症の子供たちです」と講演会で訴えるウェイクフィールドは、自閉症児の親の間で、英雄のように迎えられた。プレイボーイ誌のモデルで女優のジェニー・マッカーシーも、ウェイクフィールドの支持者として活動した。

彼を支持したのは、自閉症患者の家族だけではなかった。麻疹ウイルスにとっても、彼は歓迎すべき人であった。ウェイクフィールドの論文が、メディアによって大々的に取り上げられた影響で、九〇パーセントを超えていたイギリスのワクチン接種率は八〇パーセント以下になった。ねつ造が明らかになっても、人々の間に広まったワクチン不信は払拭されることなく、ヨーロッパ中にワクチン忌避が広まった。ワクチンを受けなかった子供たちは、麻疹に感染し、世界中に広げた。

ウェイクフィールドは、うそのデータを作っただけではなかった。その影響は、論文発表から一八年後の今日まで尾を引き、万の単位の麻疹患者も作ったのだ。ウェイクフィールドと上司の教授は、二〇一〇年、英国の医師免許を取り消された。

事例11　旧石器を発掘した神の手[34,35,36]（日本、二〇〇〇年）

考古学にはロマンがあふれている。何千年、何万年もの昔に思いをはせ、われわれの祖先の生活と自然を想像する。考古学者は、たとえば『男はつらいよ 葛飾立志篇』（一九七五年）の小林桂樹扮する田所教授のように、風変わりなロマンティストと社会から思われているのではなかろうか。しかし、現実には、他の分野の学者と同じように、自説にこだわり、反目しあい、ときには大きな間違いを犯す人たちがいるのも事実である。

考古学の資料は極端に限られているため、想像力を働かせねばならない。それゆえに、考古学や古代史には、特別に専門教育を受けていない人たちにも参加できるような身近さがある。事実、考古学の研究には、在野の研究者が大きく関わってきた。わが国の旧石器時代を証明した相沢忠洋（一九二六〜一九八九）も、そして、石器ねつ造によって考古学の信頼を根底から壊してしまったSFも、考古学好きの一般人であった。

小学校しか出ていない相沢は、納豆の行商をしながら、独学で考古学を学んだ。戦後間もない一九四六年、相沢は行商の途中、通りかかった切り通し道の露出した崖から、黒曜石の打製石器を発見した。それは、二万五〇〇〇年も前の関東ローム層という、赤茶けた粘土質の地層の中にあった。その当時の日本列島は、火山灰により寒冷化が進み、植物は育たず、人も動物も住めなかったと考えられていた。火山灰が降り積もってできた関東ローム層に埋もれていた石器は、それまでの考えに反し、縄文時代（一万五〇〇〇～三〇〇〇年前）の前の時代から、日本列島にわれわれの先祖がいたことを示唆していた。相沢の発見した石器は、明治大学の杉原荘介（一九一三～一九八三）、芹沢長介（一九一九～二〇〇六）によって旧石器と認定され、それまでの定説を覆し、わが国にも旧石器時代があったことの証明となった。その遺跡、「岩宿遺跡」（群馬県みどり市）は国の史跡に指定されている。

神の手

型染め作家で人間国宝の芹沢銈介を父にもつ芹沢は、民芸運動に投じた父の影響を受け、在野の人を大事にした。東北大学に席を得た芹沢長介は、師である明治大学の杉原を越えるような石器を求めていた。その芹沢の前に現れたのがSFであった。一九五〇年宮城県に生まれた彼は、高校を出た後、会社に勤めながら発掘に参加する考古学好きの青年であった。一九七五年、彼はあこがれの相沢忠洋と会い、岩宿遺跡発見のきっかけとなった黒曜石の石器を見せてもらっている。これが、旧石器時代の発見者と破壊者との最初で最後の出会いであった。

一九八一年、宮城県大崎市の座散乱木遺跡の第三次調査に参加したSFは、職場から駆けつけて五分後に、「出たどー」と叫び、石器を「発見」した。それは、単なるがれきとは異なる見事な石器であった。四万年前の地層での発見により、芹沢の仮説である前期旧石器時代が証明された。芹沢が喜んだのは言うまでもない。

石器の年代はどのようにして判断するのであろうか。他の遺物と異なり、石器の年代を正確に判定するのは困難である。石器の形、発掘した地層から判断するほかなかった。芹沢は「層位は型式に優先する」という考えであった。古い地層から発見された石器は、どんな形をしていようと、その地層の時代のものと考えるということである。SFは、この考えの盲点を突いた。古い地層に埋めておけば、それは古い石器と判断されることになるのだ。彼は次々に石器を「発見」していく。自分で掘り出すこともあれば、他の人に発掘させることもあった。宮城県と山形県にまたがる山脈をはさんで三〇キロ離れたところから出土した石器同士が、同じ石から作られたペアであるという信じられないような発見もした。

SFの発掘はますます快調に進んだ。芹沢の米寿までには、一〇〇万年前の石器を発掘すると宣言した。宮城県栗原市の高森遺跡では、一九八八年には二〇万年前、一九九二年には五〇万年前の地層から石器を発見した。ついに、われわれの先祖は、北京原人（七〇万年前）に近い時代までさかのぼることができた。二〇〇〇年には、SFは埼玉県秩父市の遺跡から、石器とともに、住居跡（五〇万年前）や墓穴（三五万年前）を発見した。それは、原人が宗教的儀式を行っていたことを意味していた。それを知った現代人たちは、「原人まんじゅう」「原人ワイン」「原人祭り」という新たな儀式を行った。

SFは「神の手」「ゴッドハンド」と呼ばれるようになっていた。行き詰まっている発掘現場に、彼が現れるとあっという間に、石器が発見される。時には、彼を疑っている学者の目の前で、発掘してみせた。あるときには、明日発掘すると宣言し、本当に石器を掘ってみせた。SFと一緒に発掘していた角張淳一は、次第に彼が何か細工をしているのではないかと思うようになった。パリで前期旧石器時代の石器を学んで帰国した竹岡俊樹は、石器が縄文時代の石器であることを見抜き、論文にまとめた（一九九八年）。角張は二〇〇〇年七月、ホームページに批判論文を掲載する。しかし、発掘した地層を何よりの証拠と考える芹沢長介は、SFの発見を信頼していた。芹沢の弟子で、文化庁の主任文化財調査官となった岡村道雄は、SFの発見により前期旧石器論争は決着したと宣言した。

しかし、旧石器発掘は、驚いたことに、報告書が発表されていなかった。そもそも、SFには、報告書を書くだけの能力もなかった。それにもかかわらず、旧石器時代は、学問的に確立した事実として、教科書に載り、学生たちは覚えることを強いられた。東京国立博物館でSFの発掘した石器の展示会が開催され、座散乱木遺跡は国の史跡に指定された。文化庁官僚の岡村道雄の影響が大きかったのは間違いない。

ねつ造現場を押さえる

SFの発掘に疑問をもっていた毎日新聞の記者たちは、彼があらかじめ石器を埋めておくのではないかと疑っていた。二〇〇〇年一〇月末に宮城県の上高森遺跡の発掘が行われることになった。ここは、彼が七〇万年前の石器を発見したところである。いわば、SFにとって晴れ舞台であるこの遺跡で、彼が何かを仕掛ける可能性があった。取材班の四人は、慎重にカメラとビデオカメラを設置し、茂みに隠れて、SFの登場を待った。

一〇月二二日午前六時二〇分、ついにSFが現れた。彼は移植ごてをもち、ビニールの袋から石器を取り出しては埋めていった。カメラとの距離はわずか一五メートル。六時三二分、彼は移植ごてで表面をならして立ち去った。二七日朝にも、石器を埋めているところをカメラに収めた。その日の午後、SFはたくさんの人の前で石器を発掘してみせた。記者会見では、六〇万年前の柱穴、石器が発見されたという発表があった。

一一月四日、毎日新聞は、SFの業績を聞くという理由で、仙台のホテルにインタビューの場を設定した。石器を埋めているビデオ画面が映し出されると、SFはうなだれ、「魔がさした」と言った。「プレッシャーがかかっていた」とも言った。翌五日、石器ねつ造の特ダネは「旧石器発掘ねつ造」という大見出しで毎日新聞の一面を飾った。[34] 弟子からねつ造を知らされた芹沢長介は、ただ「そうか」と言っただけだったという。

相互批判の欠如

旧石器ねつ造の発覚は、大きな波紋を広げた。教科書から上高森遺跡の記述は消え、国の史跡指定は取り消された。日本考古学協会は、検証委員会を立ち上げたが、ねつ造を指摘した竹岡と角張は検証委員会に呼ばれなかった。ねつ造発見の一〇日前に発行された岡村道雄の『縄文の生活誌』は、激しい批判にさらされ回収された。しかし、岡村は、責任をとることなく、奈良文化財研究所を経て二〇〇八年退官した。イギリス、アメリカ、中国、韓国、台湾などの新聞はこのニュースを大きく発表した。日本が世界的な古代文明大国になりたいという願望が、その背景にあるのではないか、という指摘があった。

ねつ造発覚後、SFの実家から、段ボール十数個分の縄文時代の石器や土器が発見された。それは、彼が三〇年近くにわたり、三三ヶ所の発掘現場に埋めた石器の残りであった。毎日新聞の追跡がなかったら、それからもずっと「神の手」を続けられるはずであった。

その後、SFは精神科から、「多重人格障害」という診断を受けた。彼の供述書には、「私の中のA」が命令して、石器を埋めさせたなどという表現が出てくる。入院中、彼は右手の指二本を、「神の手」と賞賛されたその指を、自らなたで切り落とした。

ＳＦのねつ造を許したのは、学界の長老と官僚の権威であった。その権威のもとに、相互批判もなく、閉鎖的で透明性に欠けたコミュニティが形成された。調査報告書も出すことなく、まして英語で国際的に情報発信することもなく、国内の新聞の大見出しを意識して、発掘を続けてきたのであった。人文・社会科学者のなかには、今でも英語で世界に発信する努力をせず、その必要性を認めないような権威者がいるのも確かだ。ネイチャー誌は、「井の中の蛙、大海を知らず」の英訳（A frog in a well that is unaware of the ocean）を引用しながら、この事件を報告した。[37]

事例12　超伝導のにせ伝道師[38]（アメリカ、二〇〇二年）

二〇〇四年一〇月に放映されたＮＨＫのＢＳドキュメンタリー『史上空前の論文捏造』は今でも印象に残っている。ドイツからやってきた若きシェーン（Jan Hendrik Schön）。次々に発表される超伝導のねつ造論文。証言を求めて関係者を追いかけるカメラ。真相を追究するドキュメンタリーには、真実のみがもつ迫力があった。二年後、ディレクターの村松秀は、『論文捏造』という一冊の本を著した。[38] テレビでは描けなかった事実が明らかにされた。

本事例は、この村松の本とＷＰＩプログラムを通して旧知の谷垣勝己（東北大学教授）の証言をもとにしている。谷垣はシェーンが現れる前まで、炭素化合物（有機化合物）を用いた超伝導の世界記録をもっていた。シェーンは、ねつ造によって谷垣の記録を更新していった。

「超伝導（Superconductivity）」とは、電気が流れるときの抵抗がゼロになる現象である。抵抗がなくなれば送電時の電気のロスはなくなり、電気器具の効率は一段と高まり、エネルギー問題の解決に大きく貢献するであろう。それだけに、物理学者は超伝導研究にしのぎを削っている。

マイナス二六九℃の超低温になると、超伝導が起こることを最初に発見したのは、オンネス（Heike Kamerlingh Onnes、一八五三～一九二六）であった（一九一三年ノーベル物理学賞受賞）。超低温の世界では、マイナス二七三℃を標準として使う。これ以上低い温度はないので、絶対温度と呼び、ケルビン（K）と表記する。しかし四Kの液体ヘリウムは高価すぎて日常的に使えないので、安価な液体窒素の温度、すなわちマイナス一九六℃（七七K）、さらには室温での超伝導を目指して、研究競争が繰り広げられていた。

ネイチャー七報、サイエンス九報

電話の発明者、ベル（Graham Bell、一八四七～一九二二）の名前をもつベル研究所は、ノーベル物理学賞を七回受賞するなど、物理学の最先端の研究所である。一九九〇年代の終わり頃、ベル研究所はそれまで半導体の主流であったシリコンに代わる材料として、炭素化合物に注目し、研究グループを立ち上げた。リーダーのバトログ（Bertram Batlogg）は、コンスタンツ大学から推薦されたシェーンを研究員に採用した（一九九八年）。礼儀正しい二七歳の好青年が、それから五年足らずして、この名門研究所の信頼性をいっぺんに失わせることになろうなど、誰にも想像できなかったであろう。

バトログが注目したのは、フラーレン（Fullerene）であった。炭素原子だけが六〇個つながり、サッカーボールそっくりのこの分子を上手く使えば、超伝導が誘導できるかもしれないと、バトログは考えた。しかし、フラーレンを用いる超伝導は、谷垣が先手を取っていた。すでに一九九一年、当時NECの研究所にいた谷垣は、フラーレンを用いて、三三K（マイナス二四〇℃）で超伝導を達成していた。一〇年近く破られなかった谷垣の記録が、シェーン・バトログの研究グループによって次々に更新されていくことになる。しかし、シェーンのデータがねつ造と分かったあと、再び、谷垣の実験が記録の座を取り戻した。

図2-10　シェーン

シェーンは、二〇〇一年、一一七K（マイナス一五六℃）の超伝導を報告した。谷垣には信じられなかった。さらに、炭素化合物を使って、分子の大きさの半導体を開発したと発表した。シェーンの論文は、次々に一流誌に掲載された。一九九八年から二〇〇二年までの四年あまりの間に発表された論文数は六三報。二〇〇一年には、八日に一つの論文を発表していたことになる。そのなかには、ネイチャー誌七報、サイエンス誌九報が含まれている。当時の物理学者たちが、次々に一流誌に載るシェーンの論文に興奮したのは、想像に難くない。人々は、シェーンのノーベル賞は確実であろうとうわさした。バトログは、シェーンの実験の成果を講演してまわった。

シェーンは、三一歳の若さで、ドイツのマックス・プランク固体物性研究所の共同所長というう最高のポジションに内定した。共同所長の一人は、フォン・クリツィング（Klaus von Klitzing、一九八五年ノーベル物理学賞受賞者）である。しかし、内定から間もなく、ねつ造発覚により、シェーンは、その席につくことはなかった。最近、私は、WPIの評価委員を務める旧知のフォン・クリツィングが所長をしている、シュトゥットガルト郊外にある、森に囲まれたマックス・プランク研究所を訪ねた。研究者たちが、恵まれた条件で最先端の物性研究に打ちこんでいるのを見ることができた。一〇年以上前のシェーン事件を思い出させるのは、美しい（schön）風景だけであった。

マジックマシンの正体

シェーンのデバイスは、フラーレンの上に酸化アルミの薄い膜を貼ったものであった。ベル研究所の同僚から、彼のデバイスを使って再現したいという要求があっても、サンプルはすべて捨ててしまったと言ってわたさなかった。谷垣勝己は、スパッタ装置という、真空の中でメッキする（sputter）装置を購入してシェーンのデバイスを作ろうとしたが、酸化アルミの薄い膜を均等に貼り付けることはできなかった。シェーンの装置は、次第に「マジックマシン」と言われるようになった。

「マジックマシン」は、ベル研究所ではなく、彼の出身大学である南ドイツのコンスタンツ大学にあった。彼はドイツに帰ってはデバイスを作り、ベル研究所で実験していたのだという。二〇〇二年二月、デバイス作成のために、シェーンがアメリカからコンスタンツ大学にやってきた。そのときの様子は、村松秀の『論文捏造』に詳細に書かれている。装置を前にしたシェーンは、顕微鏡のレンズをのぞきこむ。彼が片目をつぶって顕微鏡をのぞいたことに、実験に立ち会っていた研究者たちは驚いた。スパッタ装置で標本を作製するときは、両目を開け、左目で顕微鏡の拡大像を見て、右目で操作するのが常識である。私も、医学部の学生のときからそのような訓練を受けてきた。シェーンが、この装置を使い慣れていないことが一瞬で分かってしまった。その上、彼は、ピンセットの使い方など標本作製があまりにも下手であった。当然、シェーンのデバイスはできなかった。「マジックマシン」の正体がばれた瞬間であった。

コンスタンツ大学の「マジックマシン」の装置は、あまりにも「ちゃちい」、おもちゃのような代物であった。谷垣の言葉を借りれば、谷垣のスパッタ装置を一眼レフカメラとすれば、シェーンが使っていたのは、一〇〇〇円程度の使い捨てのカメラに過ぎなかった。

シェーンのボスのバトログは、二〇〇〇年九月、母校であるスイス連邦工科大学（ETH）から教授として招聘された。ETHは、アインシュタインをはじめ、ノーベル賞学者を二一名も出した名門大学である。招聘にあたっては、シェーンの研究が高く評価されたのは間違いないであろう。

その頃、谷垣は、ETHのバトログを訪問した。バトログは、チューリッヒからわずか一時間の距離のコンスタンツ大学に「マジックマシン」を見に行ってもいないし、シェーンの作ったサンプルをこれまで見てもいないことが分かった。その上、バトログは、酸化アルミの膜を作る技術については、何も知らなかった。谷垣は、シェーンの仕事がねつ造であると確信した。

ねつ造発覚

二〇〇二年四月、プリンストン大学のゾーン（Lydia Sohn）は、ベル研究所の若い研究員から、「これはあなたへの宿題です。シェーンの二つの論文を見比べるように」というメッセージを留守番電話で受け取った。彼女は、コーネル大学のマキューエン（Paul McEuen）と共同して、ネイチャーとサイエンスの論文を丹念に読み直し、同じグラフが使われていることを発見した。カーブの端の方にある小さなノイズが、同じ図かどうかの決め手となった（図2-11）。縮尺を変える、あるいは軸の数字を変えるような意図的な操作の跡がはっきりと示されていた。同じ図が、三つの論文に使われていることもあった。不正はそれだけにとどまらなかった。理論モデルをもとに導いた数字を実際の観測データとして使っていた。

ゾーンとマキューエンは、それから二週間、シェーンのすべての論文を調べ上げた。二人は、二

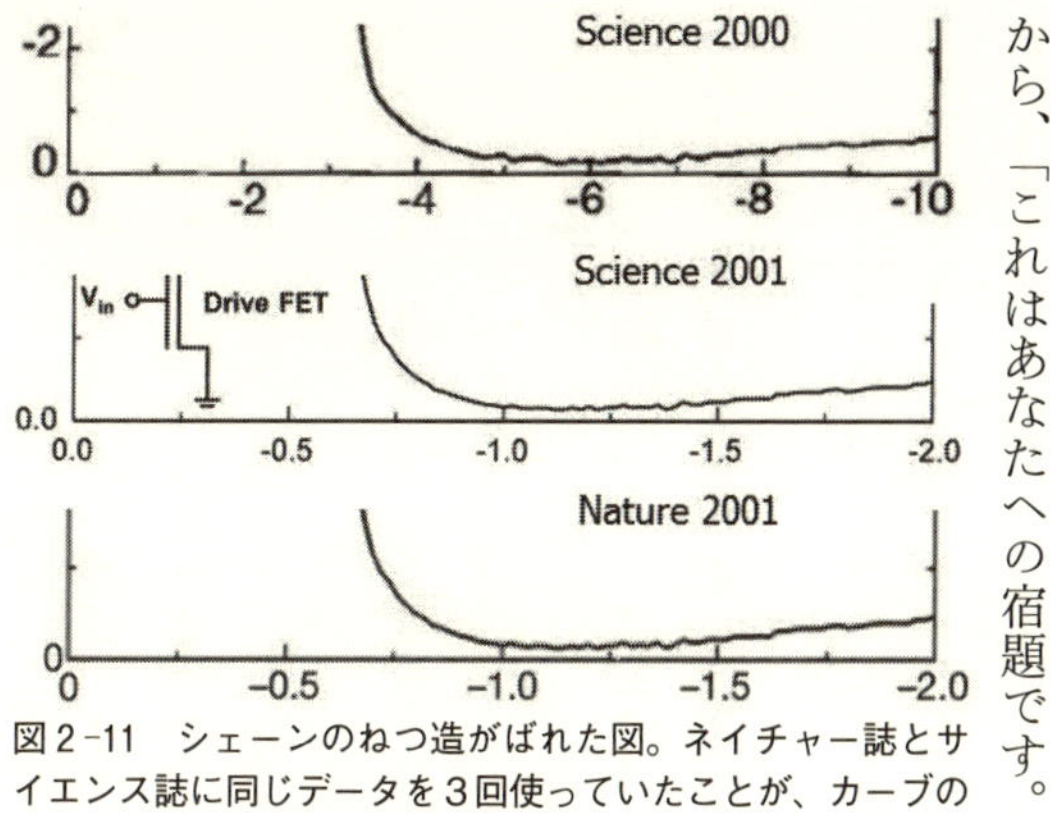

図2-11　シェーンのねつ造がばれた図。ネイチャー誌とサイエンス誌に同じデータを3回使っていたことが、カーブの右下のノイズの一致から判明した

〇〇二年五月、ベル研究所の上層部、スタッフ、外部の研究者、ネイチャー、サイエンスの編集部、そして、バトログとシェーン本人に、メールと電話で一斉に事実を知らせた。

それまでにも、ベル研究所内部からシェーンの研究に対する告発があった。しかし、シェーンの研究で特許を取得し、経営を立て直そうとしていた上層部によって、告発は受け入れられなかった（二〇〇一年一二月）。今度は逃れられなかった。疑いようのない事実を突きつけられ、ベル研究所は調査委員会を設置せざるを得なくなった。二〇〇二年五月二三日には、ニューヨーク・タイムズ紙がシェーンのねつ造疑惑を報じた。

シェーンは、この段階になっても、単なる間違いだと言い張った。その上、サイエンス誌とネイチャー誌に対して、訂正の申し入れをした。サイエンス誌は、調査もせずに、シェーンの主張を受け入れ訂正記事を掲載した。ジャーナルもまた、自浄機能を失っていたのである。

外部委員による調査委員会で驚くような事実が明らかになる。バトログをはじめ共同研究者は誰一人として、シェーンの実験に立ち会っていないばかりか、生データも見ていなかった。そもそも、実験ノートも、データの記録そのものも、デバイスも何も残っていなかった。このため、検証の範囲は限定されたが、最終的に一六の論文のねつ造が確定した（第七章表に示すように、現在、リトラクション・ウォッチでは、シェーンの撤回論文は三六報としている）。

二〇〇二年九月二五日、調査委員会はシェーンに関する報告書を発表した。同日、シェーンは、ベル研究所を解雇された。「シェーン、カムバック」*と叫ぶ者は一人もいなかった。その一方、指導者のバトログと共同研究者は、不問とされた。

註 同じ「シェーン」でもスペルは違う。映画の『シェーン』は「Shane」。ねつ造したのは、「Schön」。

シェーンとバトログのその後

二年後、NHKの取材陣は、シェーンとバトログにインタビューを試みている。シェーンは南ドイツの中小企業で働いているということであったが、彼には会えなかった。バトログとは、ETHの教授室でインタビューできた。彼は、意外な言葉を口にした。シェーンとの間には、師弟関係はなかった、お互い平等で独立した共同研究者の関係であったというのである。それゆえに、自分には責任がないというのが、バトログの主張であった。

最近、私は、東京でマックス・プランク研究所のフォン・クリッツィング所長と再会する機会があった。彼は三〇年前の今日、ノーベル賞の電報を受け取ったと言いながら、上機嫌でその電文を見せてくれた。彼に、改めてシェーンのことを聞くと、一番悪いのはバトログだ、と言下に答えた。

シェーン事件はまだ終わっていない。これからも、姿を変えて、様々なシーンに現れるであろう。事実、それから一二年後のSTAP細胞事件（事例21）は、いくつもの点でシェーン事件とよく似ている。スペクター、シェーン、HO（STAP細胞事件）の共通点は、第五章で取り上げる。研究不正に関する既視感（Déjà Vu）は、われわれにインプリントされてしまった。

追記――二〇一五年九月、ドイツ・マインツのマックス・プランク研究所は、超高圧下で硫化重水素（H_3S）により、二〇三K（マイナス七〇℃）という高温で超伝導を達成した。[39]

事例13　最も重い元素のねつ造[40、41、42]（アメリカ、二〇〇二年）

ゆとり教育のために、周期表も教えなくなったことに危機感を抱いた科学者たちは、二〇〇五年から「一家に一枚周期表」という運動を始めた。古典的な元素だけでなく、ゲノム、タンパク、鉱物、宇宙などのマップが、四月の科学技術週間に合わせて発表され、文科省のホームページからダウンロードできる。

元祖、元素の周期表は、一八六九年にロシアのメンデレーエフ（Ivanovich Mendeleejev、一八三四～一九〇七）によって考案された。その当時は六三の元素しか発見されていなかったが、今では、一一八までである。その一一八番目の元素をめぐって、二〇〇二年にねつ造事件が起きた。時を同じくして、ベル研究所のシェーン（事例12）によるねつ造事件が明らかになったため、アメリカ物理学会は大きなショックを受け、対応策に追われた。

舞台は、アメリカ・エネルギー省のローレンス・バークレイ国立研究所。主人公は、ドイツで訓練を受けたブルガリア生まれのニノフ（Victor Ninov）である。ドイツからアメリカの名門研究所に来たという点でも、シェーンと同じである。[42] ニノフは、すでにドイツの研究所で、一一〇、一一一、一一二番目の元素を発見していた。

これらの重い元素は、われわれの周囲に存在しているわけではない。サイクロトロンを用いて、元素と元素をぶつけたときにできてくる、一〇〇〇分の一秒以下という超短命の元素である。そのため、それを解析するのは容易ではない。ニノフは、その分析のためのソフトを開発した。彼以外には、その分析ができなかったし、生のデータを見た人もいなかった。その点でもシェーン事件と同じである。

一九九九年、ニノフは、一一六番と最も重い一一八番の元素を発見したと発表した。一一八番の元素は、ラテン語の一一八を意味する「ウンウンオクチウム（Ununoctium）」という仮の名前で呼ばれた。しかし、一一八番は、彼が以前勤めていたドイツの研究所でも、フランスでも、日本でも再現できなかった。さらに、データをさかのぼって調査した結果、一一八番を捕まえたとする証拠が変えられているのが分かった。二〇〇一年、一一八番の論文は、ニノフのサインなしに撤回された。それを受けて、ニノフがドイツで発見したという一一〇番と一一二番の元素を調べ直したところ、それらもねつ造であることが分かった。ニノフは、二〇〇二年、ローレンス・バークレイ研究所を解雇された。バイオリンを弾き、数ヶ国語を話し、マリンスポーツを愛する男は、表舞台から立ち去った。

二〇〇六年、ローレンス・リバーモア研究所とロシアの研究所の合同研究チームは、ニノフとは別な方法で、一一八番を確認したと発表した。

追記——二〇一五年一二月、国際純正・応用化学連合（IUPAC）は、アメリカとロシアの研究所が一一五、一一七、一一八番目の元素の命名権をもつこと、および、理研の研究グループが分離した一一三番目の元素の命名権は日本にあることを発表した。[43]

事例14　韓国中を熱狂させたヒト卵子への核移植[44,45,46]（韓国、二〇〇四年）

幹細胞の研究には、大きく三本の流れがある。[44] 一つは、核移植によるクローン胚の作成である。卵子の核を除去して、そこに体の細胞（体細胞）から取ってきた核を移植する方法である。そのようにして作られた受精卵段階の細胞は、核を取った個体とまったく同じゲノムをもつことになるので、子宮に戻せばクローン生物となる。一九六二年にガードン（John Gurdon）がカエル、一九九七年にウイルマット（Ian Wilmut）がヒツジ、一九九八年に若山照彦がマウスで、それぞれ核移植によりクローン動物を作ることに成功した。しかし、ヒトの核移植は、クローン人間につながる技術になるので、誰も試みようとしなかった。

もう一つの流れは、ES細胞である。一九八一年、エバンス（Martin Evans）は、発生五日目、まだ子宮に着床していない初期胚（胚盤胞）の細胞を培養した。この細胞は、体を構成するすべての細胞に分化することができることから、胚性幹細胞（Embryonic stem cell）の頭文字を取って、ES細胞と呼んでいる。ジャーナリストの表現によれば「万能細胞」である。一九九八年、トムソン（James Thomson）は、ヒトの初期胚からヒトES細胞を分離することに成功した（三本目の流れは、間葉系幹細胞であるが、本題と関係がないので省略する）。

黄禹錫（ファンウソク）は、最初の流れのなかで、ヒトの卵子への核移植に成功し、そのようにして作られた胚盤胞から、二番目の流れに乗ってES細胞を作ることに成功したと主張した。本当だとすれば、確かに画期的なことであった。この方法を使えば、患者自身の細胞から取ったES細胞により、免疫問題をクリアした再生医療ができることになる。サイエンス誌は、二〇〇四年の十大ニュースの三位に選定した。

黄禹錫の研究がねつ造と判明し、サイエンス誌が論文を撤回した七ヶ月後、山中伸弥のiPS細胞論文が発表された（二〇〇六年八月）。iPS細胞は、四種の遺伝子を正常の皮膚細胞に導入することにより作られた細胞である。iPS細胞は、卵子、受精卵、初期胚を使わない点で倫理問題をクリアし、個人に由来する幹細胞を作ることで再生医療における免疫問題をクリアした。二つの流れの原点に立つガードンとエバンス、合流地点に立つ山中は、ノーベル賞を受賞している。その意味で、以下に紹介する黄禹錫をめぐる研究不正は、iPS細胞の成功物語の裏面史と言ってもよいだろう。

ねつ造でないのはイヌのスナッピーだけ

黄禹錫は、幼い頃に父を失い、母子家庭の農家で牛を育てながら、苦学して獣医となった。野口英世のように、美談となるべき背景が用意されていた。

北海道大学への留学からソウル大学獣医学部にもどった黄は、一九九九年から家畜のクローニングを次々に発表した。BSE（牛海綿状脳症）耐性のウシ、ヒトに臓器を提供できるブタのクローニングを発表して、一躍社会の注目を浴びた。二〇〇五年には困難といわれたイヌのクローニングに成功、スナッピー（Snuppy）と名づけた。

黄禹錫は、二〇〇四年、核を取り除いたヒトの卵子に、本人の細胞核を移植することによりクローン胚を作り、その胚からヒトES細胞を樹立したとサイエンス誌に発表した。一六人の女性から二四二個の卵子の提供を受け、一株のES細胞（NT-1）の樹立に成功した。一年後の二〇〇五年、黄は、一一人の難病患者の皮膚細胞から分離した核を、健康な第三者の卵子に移植し、患者と同一のゲノムをもつES細胞を分離したとサイエンス誌に報告した。しかも、その効率は驚くほど高く、一八五個の卵子から一一のES細胞株を樹立したという。ウイルマットによるヒツジのクローニングとは比べものにならないほど高かった。黄のヒトES細胞は、夢の再生医療を可能にする技術、「治療のためのクローニング（therapeutic cloning）」として、社会が期待したのは当然である。黄禹錫には、ほとんど無制限と言ってもよいような研究費が支給された。一九九八年から二〇〇五年までの研究費は六五八億ウォン（七二億円）にのぼるという。

しかし、黄の研究がねつ造であることが、次第に明らかになる。共同研究者のシャッテン（Gerald Schatten）から卵子入手に関する倫理上の問題を指摘されたのを皮切りに、疑惑が次々に浮かび上がってきた。ハーバード大学のデイリー（George Daley）は、ヒトクローン細胞といわれたNT-1細胞はクローンではなく、単為生殖（parthenogenesis）による細胞であることを明らかにした。[47] 二〇〇五年に難病患者から作ったという一一株のクローンは、正常細胞由来であることなどが明らかになった。サイエンス誌は、二〇〇六年一月になって、黄のヒトクローン胚に関する二つの論文を、編集部の判断で撤回した。動物のクロー

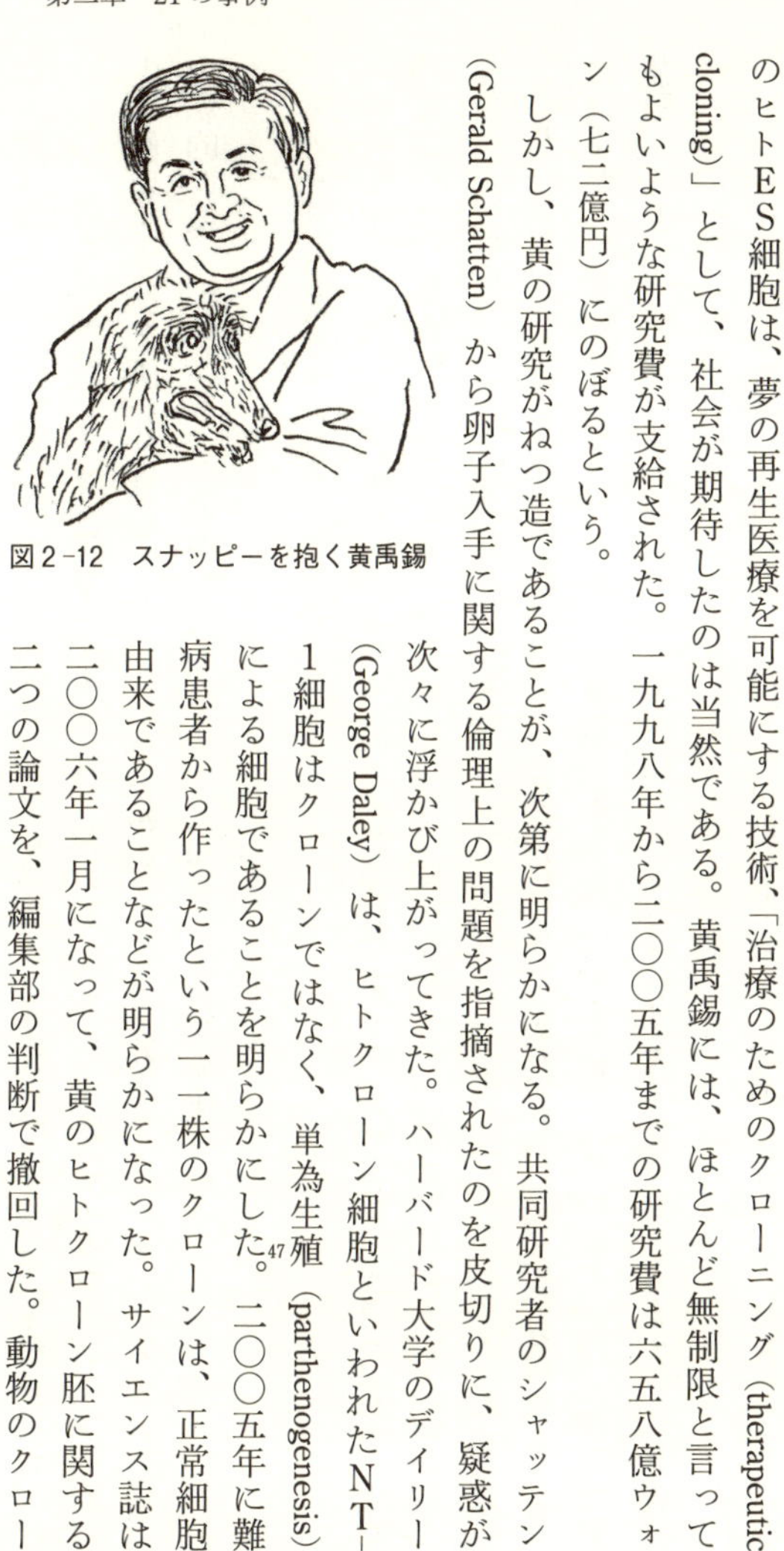

図2-12　スナッピーを抱く黄禹錫

ニングのなかで、ねつ造でなかったのは、イヌのスナッピーだけであることも分かった。

二〇一〇年、黄は、二審で懲役一年六ヶ月、執行猶予二年の刑を言いわたされた。罪状は生命倫理法違反と研究費横領であった。研究費のうち、二五億ウォン（二億七〇〇〇万円）を私的に使っていたことが判明したのだ（二〇一四年二審判決確定）。

マスコミと国民感情の融合した特異な事件

興味を引くのは、ねつ造それ自身よりも、この事件に対する韓国社会の反応である。その熱狂ぶりは、東亜日報の元記者、李成柱（イソンジュ）による『国家を騙した科学者』に詳しい[45]。黄禹錫事件は、「韓国のマスコミと国民感情が融合した」「集団ヒステリー」の状況のなかで起きた「特異な事件」と李は言う。政府は、黄を「最高科学者」に認定し、「誇るべき韓国人大賞」に選んだ。警察庁は黄を首相クラスの護衛対象とし、国家情報院は黄の研究室を「国家機密施設」とした。記念切手が発行され、五メートルを超す巨大な石像が建設された。大韓航空は、黄に一〇年間有効のファーストクラスチケットを贈った。

そのような風潮のなかで、黄についての問題を指摘した韓国文化放送（MBC）の番組「PD手帳」には、抗議が殺到し、デモがくり返され、スポンサーへの不買運動にまで発展した。スポンサー一二社は、MBCのCMを引き上げた。卵子入手の違法性が報道されると、卵子を提供するという女性が一〇〇〇名を超した。ねつ造を、「敵対組織の陰謀」として信用せず、焼身自殺するものまで現れたという。

黄事件の背景には、韓国から一人も自然科学系のノーベル賞受賞者を出していないという焦りとコンプレックス、そして熱狂的な国民気質があった。黄がノーベル賞に一番近いところにいると、政府も国民も思いこんだがゆえの社会的反応であった。実際、「黄禹錫のノーベル賞後援会」まで作られた。李によると、韓国の最大の権力は国民感情だという。その最大の権力が、黄を熱狂的に支持し、批判を許さなかったのだ。

しぶとく生き残った黄禹錫

黄禹錫は終わったと誰しもが思った。しかし、彼は不死身であった。疑惑が明らかになっても、黄禹錫の支持者たちは資金援助を行い、二〇〇六年には早くも、動物クローニングの研究所、スアム（Sooam）が設立された。その看板は、ねつ造疑惑を免れたクローンイヌの作成である。一匹あたり一〇万ドル（一二〇〇万円）もかかるが、主にアメリカからの依頼により、毎月一五匹のクローン子犬を生産しているという。[48] 二〇一二年には、コヨーテのクローニングも発表された。スアムは、韓国政府からの資金援助も受けられるようになり、査読論文も発表された。少なくとも、イヌのクローニングに関しては、黄禹錫はよみがえった。

しかし、ヒトのクローニングに関しては、黄禹錫は依然としてトラブルメーカーである。信じられないことに、彼の申請していたヒトクローン細胞株NT-1に関する特許が、二〇一一年にカナダで、続いて二〇一四年にはアメリカで認められたのである。[46]その特許は、核移植によるヒトES細胞の樹立という、非常に広く漠然とした内容であった。スクリプス研究所のローリング（Jeanne Loring）は、特許のもととなる細胞が存在しないのだから、一九七三年に英国国有鉄道が申請して認められたUFOを交通手段として使う特許のように、ばかげたものだと言っている。[49]

ミタリポフが本物のヒト核移植ES細胞を樹立

黄禹錫のあと、誰もヒト卵子に核移植してES細胞を取ろうとしなかった。それは、第一にクローン人間も可能にするという倫理問題、第二に山中伸弥によるiPS細胞によりその必要がなくなったこと、第三に黄禹錫のねつ造、という三つの理由による。しかし、二〇一三年になると、アメリカ・オレゴン健康科学大学のミタリポフ（Shoukhrat Mitalipov）が、ヒト核移植ES細胞の分離に成功した。[44,50]彼は、この細胞をミトコンドリア遺伝子の遺伝病治療に使うことを考えている。しかし、もし、黄禹錫が特許を行使すると、ミタリポフは彼に特許料を払わなければならないことになる。黄禹錫は、核移植ES細胞をねつ造しただけでなく、将来の研究も妨害しようとしている。

註　前著『iPS細胞　不可能を可能にした細胞』[44]に加筆した。

事例15　実在しなかった遺伝子操作動物[51]（日本、二〇〇五年）

二〇〇四年、ISは、大阪大学医学部内科の教授に就任した。メタボリック症候群のカギをにぎるアディポネクチン遺伝子を分離したISは、肥満研究で有名なこの教室の後継者に最も相応しいように思われた。二〇〇四年一一月、彼らが発表したネイチャー・メディシンの論文は、肥満研究を一歩進めるものであった。PTENというがん抑制遺伝子の発現を脂肪組織特異的に抑えたマウスは、肥満になりにくく、インスリン感受性が増大するという内容であった。発表に先立った記者会見で、ISは、肥満研究にとってマイルストーンになる研究であると説明した。その論文が事実であれば、確かにその通りであった。

実際に研究を行ったのは、医学部六年生のNKであった。NKは、すでに八報の英文論文の著者となっていた。その他にも、医学教育に関する邦文の論文、がんの解説書を執筆するなど、学部学生とは思えない活躍をしていた。彼は、研究室に机を与えられ、自由に研究することができた。実験は、発生工学の教授であるJTの指導のもとに行われた。しかし、学生のNKは、実験ノートの記載方法、実験技術の基礎についてのトレーニングは受けないままであった。
ネイチャー・メディシン誌への発表から四ヶ月後の二〇〇五年三月、ゲノム解析をしていた同僚から、発表されたような遺伝子操作マウスが存在しない可能性が指摘された。医学部などの動物室の該当するマウス、約二〇〇匹をＰＣＲ法によって検査したが、ついにそのようなマウスは発見できなかった。さらに、発表論文のデータに多くのねつ造、改ざんがあることも分かった。論文は、二〇〇五年六月に撤回された。この事件の救いは、研究不正について、内部からの自浄作用が働いたことである。

この事件が科学コミュニティで注目されたのは、遺伝子操作動物が存在しなかった点に加えて、関係者に対する処分の内容であった。最終的に、学生の実験を指導した二人には、ＩＳが停職二週間、ＪＴが停職一ヶ月という処分となったが、そのあまりにも甘い処分内容に対して驚きの声が上がった。たとえば、京大名誉教授の柳田充弘は、自身のブログで次のように厳しい意見を述べている。[52]

「これだけの大々的な捏造論文を出して、この程度での軽い処分なら、今後捏造者がまず減ることはないだろうと思います」「これでは、捏造論文を減らすために、内部の自浄が期待できない」「阪大当局の今回の対応は致命的エラーと言わざるを得ません」

なぜ、このような甘い処分になったのか。その経過は公にされていないが、日経バイオテクが、短い記事にまとめている。[53] 医学部の調査委員会が出した最初の処分内容は、両教授に対して、停職一年、一定期間公的補助金申請禁止であったという。それを、教授会が三ヶ月に短縮して、二人に通知した。しかし、二人から処分内容に対する不服申し立てがあり、教育研究評議会の「不服審査委員会」が、ISに停職二週間、JTに停職一ヶ月という処分を決定したのだという。筆頭著者である学生のNKは、厳重注意処分、さらに研究倫理徹底のための教育プログラムの受講が課せられた。NKは、二人から罪を転嫁されたとして、指導教授二人を訴えたが、大阪地裁により、訴えは棄却された。

ISの研究グループは、二〇〇五年一月脂肪組織のサイトカインであるヴィスファチンをサイエンス誌に発表したが、この論文もデータに不備があるとして、教授会から撤回が勧告された。しかし、事例37（第七章）で紹介するように、この論文は、撤回後も引用され続けている。

事例16　外国から指摘されたRNA実験疑惑[54]（日本、二〇〇六年）

二〇〇五年九月、札幌で行われていた日本癌学会で、KT（東京大学工学研究科教授）が招待講演を行った。その数日前に、彼の研究が追試できないなど問題があると大きく報道されたこともあり、たくさんの聴衆が集まった。KTは、新聞に報道されたが、何ら不正はないと言いきって、発表を始めた。講演の内容は、RNAによる遺伝子発現の調節という最先端の研究であった。

KTの研究に疑いがかけられたのは、外国の研究者から彼の実験を追試できないという疑問が日本RNA学会に寄せられたことによる。日本RNA学会は、問題となっている一二報の論文について、東大に調査を依頼した。これらの論文は、助手のHKが筆頭著者であった。

調査委員会は、問題の一二報の論文のうち、追試が比較的容易な四報について、詳細な検討を行った。そのなかには、ネイチャー誌に発表された二報が含まれている。驚いたことに、指摘を受けた論文の実験ノート、生データ、実験資料などはほとんど残っていなかった。これでは、ねつ造を疑われても仕方がない。調査委員会は嫌疑を晴らす機会として、再実験を行うよう要請した。しかし、十分に時間を与えたにもかかわらず、再現実験はできなかった。さらに調査過程で、明らかなねつ造データも発見された。KT、HKの二人が兼務をしていた産業技術総合研究所（産総研）も二人の論文を調査したが、実験を裏づける資料は提出されなかった。

二〇〇六年三月、最終調査報告書が発表され、同年一二月、KT、HKの懲戒免職処分が決定した。二人は、懲戒免職は不当として、裁判を起こしたが、一審で敗訴、さらに控訴審においても、「論文作成過程で生のデータに基づいて助手と議論していれば、実験の記録や試料がほとんど存在しないことは容易に認識でき、過失は大きいと言わざるを得ない」として控訴を棄却した。

RNA学会が東大に調査を求めた論文リストのなかには、HKが理研ライフサイエンス筑波研究センターにいた当時の論文二報（一九九八年、二〇〇〇年発表）が含まれていた。その論文は、RNAとは関係ない転写因子の研究であった。当時、筑波大学のKT研究室の大学院学生であったHKは、分子生物学の指導を受けるために、理研の横山和尚の研究室に送られてきた。そこで発表した論文にも疑惑がかけられたのである。

理研で指導に当たった横山は、その二つの論文の再現性を自分自身で確認した。実験を再現するのは、口で言うほど簡単ではない。その当時、理研バイオリソースセンターの諮問委員会委員をしていた私は、室長の横山から、再現性に関する詳しい報告を受け取ったのを覚えている。横山の再現性報告は外部委員会で承認され、不正はなかったことが明らかになった。しかし、それにもかかわらず、なぜか理研は横山に冷たかった。彼は台湾の医科大学に移籍し、研究を続けている。横山は、大学院生であったHKの指導をしたばかりに、この事件に巻きこまれ、再現実験で苦労をし、その上外国に出ざるを得なくなった。横山も研究不正の犠牲者の一人である。

事例17　定年間際のねつ造[55、56、57]（日本、二〇〇六年）

二〇〇六年は、大阪大学にとって最悪の年であった。二月の遺伝子操作動物ねつ造事件（事例15）の処分発表から半年後の八月に、別のねつ造事件が発覚したのだ。問題となったのは、生命機能研究科のＡＳ。ＤＮＡ複製分野で世界的に著名な研究者である。アメリカで長い間研究した後、一九九一年に阪大の教授として帰国した。実は、東大医科研にも就職の可能性の相談があり、私がＡＳと面会したのを覚えている。

発端は、ＡＳがアメリカの専門誌に送った論文二報にねつ造があるという、共著者からの訴えであった。後述するように（第四章）、論文の投稿にあたっては、すべての著者から同意をとっていなければならない。彼は、そのプロセスを省略し、四人の共同研究者の同意を得ることなしに投稿した。発表論文を読んだ一人が自分のデータが改ざんされているのを発見し、研究科の研究公正委員会に相談した。それを知ったＡＳは、直ちに論文を取り下げた。大阪大学は迅速に対応した。八月初めに調査委員会を立ち上げ、九月末には詳細な報告書を提出した。調査委員会は、改ざんとねつ造を確認し、ＡＳを懲戒免職処分とした。その間に、悲惨な事件が起こった。九月一日、論文に改ざんがあると訴えた助手が、研究用の劇薬を飲んで研究室で自殺したのだ。ネイチャー誌は、将来を嘱望されていた彼の死を悼み、ＡＳの疑惑を報告した[57]。

日本分子生物学会は、二年後に独自の調査報告書を出した。[56] それを読むと、ＡＳの研究室運営が、かなり特異であったことがわかる。普通、若手研究員や大学院生には、一つのテーマが与えられ、一貫して研究を遂行するのだが、ＡＳは全体のテーマを知らせることなく、必要な実験を大学院生や若手研究員にばらばらに分担させる体制をとっていた。若手研究員は、教授の下請けのテクニシャンとして使われていたのである。データを集めたＡＳが、実験担当者と相談することなく、一人で論文を完成させる。確かに、この方法をとると、論文を早くまとめられるが、若手を育てることができない。研究者としての人権を無視しているとしか言いようがない。告発した助手は、発表された論文を見て、初めて自分のデータが改ざんされているのに気がついたのであった。研究員たちがまったく論文を書こうとしなかったためのやむを得ない方法であったという意見書を、ＡＳは学会に提出した。

分子生物学会の報告書は、細部までデータをもって実証するという意識が、ＡＳには欠けていたのではないかという。改ざんされたデータは、ほとんどの場合、論文の結論には影響を与えないような枝葉の実験であったのだ。

半年後に定年を迎え、ＡＳはアメリカで研究を続ける予定であった。彼は、研究経歴の最終コーナーで、それまでの名声と将来をすべて捨てることになった。

事例18　製薬会社に利用された循環器内科医[58]（日本、二〇一二年）

第二次世界大戦以後に、大幅に死亡率が減少した疾患が二つある。それは、結核と脳卒中である。結核による死亡は、ストレプトマイシンの発見により、戦後間もなく激減した。結核に代わって最大の死亡原因となった脳卒中は、一九七〇年代に入る頃から減少に転じ、二〇〇〇年にはほぼ半減した。脳卒中の患者が急速に減少したのはなぜだろうか。国民の栄養がよくなったこと、住宅の暖房が普及したことなどもあるが、最大の理由は、健康診断によって血圧の高い人を早く発見し、降圧剤によって治療するという予防医療が確立したことである。今でも広く使われているカルシウム拮抗剤は、ちょうどその頃に開発された。

一九九〇年代の後半に入ると、アンジオテンシン系を標的とする降圧剤が開発されてきた。アンジオテンシンⅡは心臓と血管に働いて血圧を上げる。したがって、アンジオテンシンⅡを作る酵素を阻害すれば、あるいはアンジオテンシンⅡが受容体と結合するのを阻害すれば、血圧を下げることができるはずである。前者の考えからアンジオテンシンⅡ転換酵素阻害剤（ACE阻害剤）、後者の考えからアンジオテンシンⅡ受容体拮抗剤（ARB）が合成された。本事例の主人公のディオバン（Diovan／一般名バルサルタン）は後者に属する薬である。

四〇歳以上の男性の六〇パーセント、女性の四〇パーセントを占める高血圧患者は、製薬会社にとって大きなマーケットである。その上、高血圧や糖尿病などの慢性疾患は、使い出したら薬をやめるわけにはいかず、最初に処方された薬を飲み続けることが多い。私の場合も同じ降圧剤を一〇年以上飲んでいる。製薬会社にとっては、医師に薬を知ってもらうこと、そして最初に患者に処方してもらえるかが、勝負の重要な分かれ目となる。他社に差をつけるデータ、たとえば、心筋梗塞や脳梗塞のような心血管イベントを抑えることができれば、一挙に優位に立てる。本事例は、このような背景のもと、自社の降圧剤ディオバンの販売成績を上げようとしたノバルティス社によって仕組まれた研究不正である。

以下の記述は、主として、毎日新聞記者、河内敏康、八田浩輔による『偽りの薬』を参考にした。また、本事例の問題点の執筆にあたっては、大橋靖雄博士（現中央大学教授）に教えていただいた。

知識も能力もないまま、会社に丸投げ

本事例は、東京慈恵会医科大学、千葉大学、名古屋大学、滋賀医科大学、京都府立医科大学の循環器内科が参加した、ほぼ一〇年間にわたって行われた、大規模な臨床研究である。その意味で野心的な研究といえる。しかし、学問的な野心ではなく、自社降圧剤、ディオバンの売り上げを伸ばそうとしたノバルティス社のよこしまな野心で貫かれていた臨床研究であった。その中心となったのは、ノバルティス社の経営本部であり、実際にデータを操作し

た同社の社員であった。そのために利用されたのが、五大学の循環器内科であった。

五大学のすべての研究に大阪市立大学のNSが参加していた。統計が非常によくできる人という触れこみであったが、彼を知っている臨床統計学の専門家は、大橋を含め、一人としていない。毎日新聞は、NSがノバルティス社の社員であることをノバルティスの社長から聞き出した。彼は、データの統計的分析を行っただけでなく、効果を判定する委員会にも参加していた。ノバルティス社の社員がすべての情報に介入、操作できる立場にいたのである。

NSに非常勤講師のポストを提供した大阪市立大の研究室には、四〇〇〇万円の奨学寄付金がわたっていた。大学は、何もしない無給の講師の契約を一〇年間毎年更新していた。これは別に不思議なことではない。紹介を依頼された教員は、企業の魂胆など知らないまま、産学連携にもなるし、寄付金も入るし、ということで受け入れたのであろう。特別問題になるようなことがなければ、給与を払っているわけではないので、教授会が非常勤講師の契約更新に口をはさむことはない。問題ある人を隠すのに、大学ほど都合のよいところはない。

慈恵医大の研究者は、「自分たちにはデータ解析の知識も能力もない」と語っている。これは驚くべき証言である。「知識も能力もない」研究者はノバルティス社に丸投げするほかなく、ノバルティス社は研究者の無知につけこんで、自由に都合のよいデータを作ったことになる。その意味で、ノバルティス事件は、わが国の臨床研究の抱える構造的な問題を反映しているといえる。現状を考えると、第二、第三のノバルティス事件が起こらないとは限らない。その意味で、ノバルティス事件は、STAP細胞事件（事例21）よりも、はるかに根が深いと言わざるを得ない。

降圧を超える効果

ディオバンの売り上げがまだ四〇〇億円だった二〇〇二年、ノバルティス社は、YAを責任者とする「100Bプロジェクト」を立てた。100B（一〇〇ビリオン）すなわち一〇〇〇億円の売り上げのためには「国内の臨床データの創出が不可欠」と内部文書に書かれていたという。

京都府立医大と慈恵医大は、スポンサーにとって驚くほど素晴らしいデータを「創出」し、それぞれヨーロッパ心臓病学会誌[59]とランセット誌[60]に報告した。ディオバンは、他の種類の降圧剤と比べて、四五パーセント（京都府立医大）、三九パーセント（慈恵医大）も心血管イベントを減少させるというのだ（図2-13）。血圧を下げる効果は対照として用いたカルシウム拮抗剤と同じなので、ディオバンには、「降圧を超える効果（beyond lowering pressure effect）」があるということになる。

普通に考えれば、心血管イベントを四〇パーセントも抑えるなど信じられないことである。

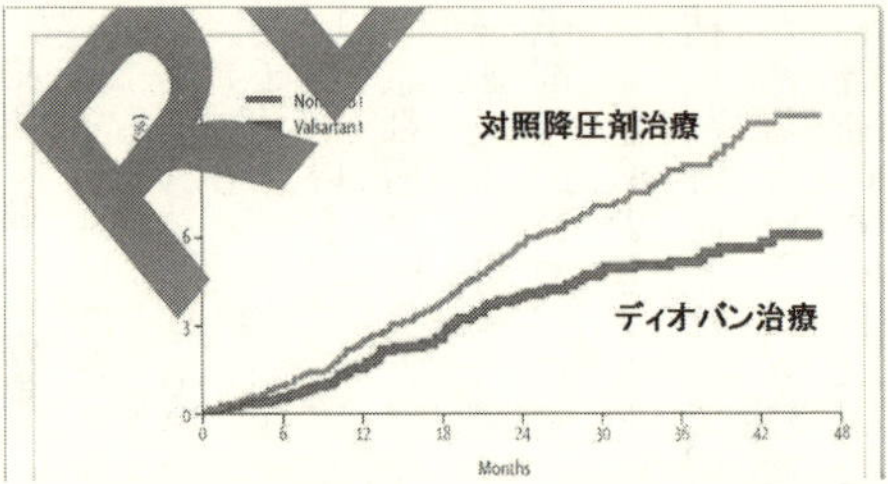

図2-13　慈恵医大論文（ランセット誌）の「降圧を超える効果」60。心血管イベントが、39%も下がることが示されている。左のRは、“Retracted”のRの字

しかし、権威あるランセットに論文が載ったのだ。臨床家たちは信じざるを得なかった。論文を通してしまったランセットの査読者にも責任があるのは確かである。

ノバルティス社は、日経メディカル誌を舞台に大々的な宣伝を行った。日経メディカルは、専門誌というよりは広告記事のための雑誌であることが誰の目にも明らかになった。「降圧を超える効果」は、「100Bを超える効果」となって現れた。二〇〇六年には一一〇〇億円あまりであったディオバンの売り上げは、慈恵医大の「成果」が発表された二〇〇七年には一三〇〇億円、京都府立医大のデータが揃った二〇〇九年にはついに一四〇〇億円に達した。二〇〇九年、ノバルティス社は、NSの貢献に対して社長賞を贈った。

日本の「エビデンスに基づく研究」をどうしようというのか

二〇一一年、五大学によるディオバンの「ご当地」臨床研究が出揃ったところで、臨床研究適正評価教育機構理事長の桑島巖から、「日本のEBM（エビデンスに基づく医療）をど

うしようというのか」という厳しい論評が寄稿された。[61]

翌二〇一二年には、京都大学循環器内科の由井芳樹が、慈恵医大、京都府立医大、千葉大の血圧データについての懸念をランセット誌に発表した。[62] 一ページの短い論文には、この三つの研究論文において、ディオバン服用グループと対照降圧剤の服用グループの研究開始時と終了時の血圧分布（平均値と標準偏差値）が、奇妙なほど一致していることを指摘した。由井の指摘に対して、千葉大の研究チームは実際のデータに基づいたシミュレーション実験をくり返し、由井の懸念は当たらないと反論した。[63] 生物統計学が専門の大橋靖雄によれば、千葉大の反論が正しいという。

ねつ造発覚

二〇一三年七月になると、学会、日本医師会、メディアからの追及に耐えられず、京都府立医大と慈恵医大はデータねつ造を告白せざるを得なくなった。京都府立医大が依頼した「第三者機関」は、論文データを患者カルテとつきあわせて調査し、ディオバン服用グループでは、心血管イベントの発生を少なくし、対照の薬を服用したグループでは多くするように、操作が行われていたことを明らかにした。慈恵医大も、データ操作を認めた。両大学とも、なぜか、研究に参加した一部の病院の症例に不正が集中していた。一方、滋賀医大、千葉大、名古屋大の研究では、ディオバンと他の降圧剤との間に、心血管イベントに関しては差がなかったが、腎機能、心肥大、心不全による入院などでは、両者の間に差があったと報告している。

NSの行った降圧剤データのねつ造は、政治問題にまで発展した。安倍内閣は、アベノミクスの柱の一つとして医療を取り上げ、そのための司令塔として、「日本版NIH」なるものを作ろうとしていた。ノバルティス事件は、わが国の医学・医療が、その前に解決すべき構造的な問題を抱えていることを示していた。このままでは、政府の看板政策に支障が起きかねない。二〇一三年八月、厚労省は、大臣直轄の有識者検討委員会を立ち上げた。委員長には、名古屋大学名誉教授の森嶌昭夫が就任した。実は、森嶌と本書の人物イラストを描いた永沢そして私は、中学高校の同級生であり、新聞部に所属していた。

第一回検討委員会で、ノバルティス社から大学側に提供された奨学寄付金が報告された。表2-1にまとめたように、一一年間で一一億三二九〇万円が、五大学にわたっていた。それにもかかわらず、すべての大学は、ノバルティスと「利益相反」関係にあることを明記しなかった。

委員会に呼ばれたNSは、「会社から許可を得て出張し、費用も支給されている。大学の支援状況は、定期的に上司に報告していた。会社業務と認識していた」と、証言した。NS

の証言には、すべてを彼一人の責任にしようとするノバルティス社への抗議も含まれていた。

愚弄された医学界、そして患者

ノバルティス事件の進行中に、ＳＴＡＰ細胞（事例21）が割りこんできたため、二〇一四年のメディアは研究不正を争って報道した。市民の関心は、むしろＳＴＡＰ細胞に向いていたが、私から見れば、医学界の構造的欠陥を含んでいるという点で、ノバルティス事件の方がはるかに重大であった。一言で言えば、ノバルティス社が、わが国の臨床医学の弱点を見抜き、愚弄した事件であると言ってもよい。それは同時に、この研究に協力した患者だけでなく、将来この薬を使うであろう患者をも愚弄したことになる。

時間経過を追うと、この事件の本質が見えてくる。二〇〇二年、ＹＡを責任者として、ノバルティス社の「１００Ｂプロジェクト」作戦が始まった。周到に準備された作戦のもと、まず、社員のＮＳを大阪市立大の非常勤講師に潜りこませて、身分を隠す。同じ頃、五大学に巨額の奨学寄付金をばらまき（表２-１）、研究

表２-１　ノバルティス社から
５大学循環器内科への奨学寄付金

大学	期間	金額
慈恵医科大学	2002～07年	1億8770万円
京都府立医科大学	2003～12年	3億8170万円
滋賀医科大学	2002～08年	6550万円
千葉大学	2002～09年	2億4600万円
名古屋大学	2002～12年	2億5200万円
		計 11億3290万円

を請け負うように依頼する。教授側から見れば、巨額の研究費が長期間保証されているなど、こんなよい話はない。

なぜ、わが国を代表するような循環器内科の教授たちがそろって、ノバルティス社の研究を受け入れたのであろうか。ノバルティス事件をいち早く批判した桑島巌は、研究を担当した五大学の循環器内科の教授について次のように述べている。「不思議なことに、いずれも高血圧の専門家によるものではなく、まして臨床研究に造詣が深い研究者によるものでもない。基礎研究など莫大な研究費を必要とする大学の教室（である）。この企業（ノバルティス）は、……（彼らが）臨床やEBM（エビデンスに基づく医療）に疎く、かつ軽視していることを見抜き、ビジネスチャンスの場として利用した」。

教授の任務は、教育と研究など大学内に限られていると思うかもしれない。しかし、臨床の教授ともなると、地域の病院、たとえば公立病院、企業病院などの人事までも握っている。どこの臨床教室にも同窓会があり、同窓会組織の上に教室が成立している。新任の教授、特に外の大学から着任した教授にとっては、同窓会組織を把握することが大事である。ノバルティスのテーマは、その目的にぴったりであった。事実、京都府立医大のHMは、共通の目的に向かって関連病院を一つにまとめるような企画がほしかったと、厚労省の検討委員会で証言している。五人中四人の教授は、他の大学から着任したなど、それぞれに、関連病院をまとめるテーマを必要としていた。

それぞれのその後

・ノバルティス社は、日本製薬工業協会から無期限の会員資格停止処分を受けた（二〇一三年）。
・ノバルティス社の日本人社長は更迭され、本社から外国人社長が送りこまれた（次項）。
・ノバルティス社は、東京地検特捜部から「虚偽・誇大広告」で、起訴された（二〇一四年）。
・五つの研究で、統計処理を担当したNSは、逮捕された（二〇一四年）。
・「100Bプロジェクト」の黒幕、YA（営業本部長）は、問題が発覚する直前に、他の外資系製薬企業の社長に転出した（二〇一二年）。
・慈恵医大のSMは、定年後勤務していた病院の院長を退職し、論文は撤回された。
・京都府立医大のHMは、ディオバンと関係ない再生医療論文一八報でもねつ造が明らかになり、懲戒免職となった。論文は撤回された。
・滋賀医科大学のAKは、辞任し、論文は撤回された。
・千葉大学のIKは、阪大教授を経て東大教授となった。千葉大の調査委員会は論文の撤回とIKの処分を東大に勧告した。東大は千葉大の報告を受け、外部調査委員会により検討した結果、「東大の教員として教育研究という職務を適切に遂行しない蓋然性を推認させる不正行為があったとは認められない」という結論になった。

・名古屋大学のTMは、データの間違いは一件のみであったことから、処分を受けていない。論文も撤回されていない。

・ディオバンの販売額は激減した。二〇一三年度は前年度比一六・八パーセント減の八八一億円。二〇一四年一〜三月期は前年度比二五・一パーセントの減となった。それ以後は、全医薬品ランキングトップ10の圏外となった。

ノバルティス社の反省

ノバルティス社は、フォーチュン誌の「世界で最も尊敬される会社（World's most admired companies）」の製薬会社の部で、連続して世界一位に選ばれるような優良会社である。その日本法人が、とんでもない事件を犯してしまった。スイス本社CEOのエプスタイン（David Epstein）は、二〇一三年から二〇一四年にかけて、三回日本に来て、釈明に追われた。世界で一番尊敬されている会社が、日本の子会社のために、尊敬されない会社に転落するかもしれないのだ。本社としては、徹底的にたたき直さなければならないと思ったに違いない。

エプスタイン社長は、「日本のノバルティスの社員は、患者よりも医師を優先している。海外と同じように、患者を優先する方向に、カルチャーを変えねばならない」と発言した。まず、執行部の日本人を外国人に入れ替えた。社長にはドイツ人のコッシャ（Dirk Kosche）、幹部にはカナダ人、イギリス人が着任した。医師主導臨床研究には、会社の営業系のスタッフは一切関わらないようにした。医師に対して医療情報を提供する「MR」の成績評価のうち営業の比重を七〇パーセントから四〇パーセントに引き下げた。奨学寄付金をやめて、公募による研究助成とした。ノバルティスの試みは、日本の製薬企業にも広がりつつある。

今度は、医師が、臨床コミュニティが、自分たちのカルチャーを変える番だ。しかし、本当に変わることができるだろうか。われわれは注意して見届けなければならない。臨床医学の問題点については、第五章で詳しく分析することにする。

註　利益相反申告――IKと著者は、主治医・患者の関係にある。

事例19　撤回論文数世界一、小説を書くがごとくねつ造[64,65,66,67]（日本、二〇一二年）

論文撤回ワースト一位は、わが国の麻酔科医YFである（第七章表7-1）。世界一になったYFとは何者であろうか。一九八七年東海大医学部卒、東京医科歯科大学、筑波大学の麻酔教室を経て、東邦大学医学部の麻酔科准教授になった。二〇〇〇年、ドイツの麻酔科医師が、麻酔科の国際誌に、「YFの論文は信じられないくらい素晴らしい！」という皮肉なタイトルで、YFの論文への疑問を投稿した。[68] 一九九四年から一九九九年までに発表された四七の論文について、こんな素晴らしい結果が出るのは、統計学的に信じられないというのだ。しかし、YFは反省するどころか、指摘に対して反論をしている。[69] もし、このとき、YFの教授であったHTや周囲の人たちが気がついていれば、ワーストランキングのトップという汚名は免れたはずである（それでもワースト五位には入るが）。

YFは次々に論文を発表し続ける。それにしたがって疑惑は拡大していった。二〇一一年、ついに国内外の麻酔学関係のジャーナルの編集長二三名の連名による調査依頼が、筑波大学と東邦大学に届いた。東邦大学は、倫理審査委員会を通していないという理由で、懲戒免職ではなく諭旨免職（第七章）という大甘な処分をYFに行った。筑波大学は、詳細な調査報告書を出したが、調査範囲は筑波大関係論文に限られていた。

YFの研究不正の全体像は、日本麻酔科学会の報告によって明らかになった。[67] 問題を深刻に受け止めた日本麻酔科学会は、二〇一二年に調査委員会を立ち上げ、すべての論文を調査し、YFを含む共著者一五名に対するヒアリングを行い、一二一ページにおよぶ報告書を提出した。そこには、驚くべきねつ造が列記されている。

・原著論文二一六報（うち英文論文二〇五報）のうちねつ造論文一七二、ねつ造の根拠不足の論文三七を数えた。ねつ造のない論文は三報のみであった。ねつ造は、一九九三年から二〇一一年までの一九年間にわたり行われた。報告書には、「あたかも小説を書くごとく、研究アイデアを机上で論文として作成した」と記されている。

・ランダム化二重盲検による臨床研究一二六報はすべてねつ造であった。二重盲検臨床研究は、多数の患者を多施設から集め、ランダム化した上で、医師にも患者にも治療の内容を教えない（二重盲検）という大がかりな研究である。研究をデザインするだけでも大変なのに、それを一二六報もねつ造するなど、感心するばかりである。

・倫理審査委員会の審査を受けたことは一度もない。患者からの同意もとっていない。

・生データがほとんど残っていない。

・これらの論文を教授選考、学会賞などの応募に使用した。最終的に東邦大学准教授に採用された。

最初、この事件を聞いたとき、私は、周囲の人はどうして気がつかなかったのかと、疑問に思った。YFの東京医科歯科大、筑波大の指導者であったHTは、ねつ造には直接関わっていなかったが、一一三報の論文の共著者であった。多数の症例を必要とする臨床研究（二重盲検）に、指導者が気がつかないはずはないのだが、投稿前の論文を一見もしないで共著者になったとしか考えられない。麻酔科学会の報告書は、HTの責任の重大さについても言及している。ＹＦは、麻酔科学会から永久に追放された。

ＹＦ事件に対して、学会とジャーナルは積極的に自浄能力を発揮した。特に、日本麻酔科学会の報告書は、今後のお手本になるであろう。ＹＦは何のために、こんなばかげたことをしたのであろうか。自分のキャリアアップのためだとしても、実際その目的にも使ったのだが、必ずばれるときが来るのは分かっていたはずだ。小説のように書いたというが、ほぼ一月に一本のペースで、二〇年間休まずに、英文で論文をでっち上げ、それを専門誌に載せるなど、考えられないような創作力の持ち主である。アルサブチ（事例５）と同じように、どこか完全に狂っていたとしか思えない。

なお、撤回論文数ワースト二位のボルト（事例23）も麻酔科医である。それにしても、なぜ、撤回一位と二位が麻酔科医なのであろうか。麻酔をかける相手を間違えているとしか思えない。

事例20　告発サイトが明らかにしたスター研究者の不正[70,71]（日本、二〇一二年）

東大分生研教授のＳＫに、論文ねつ造の疑惑がかけられていると聞いたとき、私には信じられなかった。ＳＫは、ホルモンの核内受容体研究では、世界のトップを走るスター研究者であった。私は、カルシウム代謝ホルモンであるビタミンＤの研究を通して、研究上でも、個人的にも、ＳＫを知っていた。彼は、いつも穏和な笑顔を浮かべ、礼儀正しかった。超一流誌に掲載される彼の論文を読むたび、彼のセンスのよい研究に感心していた。

ＳＫの論文の画像に疑わしい点があることは、「11.jigen」などの研究不正告発サイト（第六章）でくり返し指摘されていた。しかし、東大が動かないため、覆面告発者が素顔を見せた。二〇一二年一月、ＳＫの論文の画像に不正があることを指摘する申し立てが東大に提出されたのである。

申し立てを受けて、事態は急速に動き出した。東大は、申し立てから一週間後に予備調査委員会を立ち上げ、調査を開始した。二ヶ月後に、ＳＫは、理由を明らかにすることなく、東大を辞職した。そのことを新聞記事で知った私は、ネット上の指摘は本当だったのかと初めて思った。二〇一四年、私は、東大分生研問題の再発防止取り組み検証委員会の委員長に任命され、その全貌を知ることになった。[71]

調査委員会は、ＳＫの東大在職期間中の一九九六年から二〇一二年までに発表された一六五論文について詳細に検討した。その結果、三三報に画像のねつ造、改ざんなどの研究不正があるという結論にいたった。リトラクション・ウォッチのワースト七位にＳＫがランクされている（第七章、表7-1）。

調査報告書は、彼の研究室運営そのものが、研究不正の背景にあることを指摘した。「これほど多くの不正行為等が発生した要因・背景としては……国際的に著名な学術雑誌への論文掲載を過度に重視し、そのためのストーリーに合った実験結果を求める姿勢に甚だしい行き過ぎ」があった。たとえば、実験を始める前に、ストーリーにあった画像を「仮置き」するといった習慣があった。大学院生たちは、技術的にも時間的にも困難であろうとも、「仮置き」のデータを作ることが求められていた。そのような「強圧的な指示・指導が長期にわたって常態化していた」という。大学院生たちは、教授の「過大な要求や期待に対し、それを拒否するどころか、無理をしても応えるしかない」と思うようになり、不正に手を染めていった、と調査委員会は指摘している。彼らの行った画像ねつ造の具体例については、次章で詳しく述べる。

そのような研究室運営を担っていたのは、SKと彼の右腕とも言うべきJY、HK、KTの三人であった。SKとこの三人を含め、不正に関わっていたのは、一一名と認定された。JYは筑波大教授、HKは群馬大教授になっていたが、二人とも辞職した。大学院生たちは学位を取得したが、その正当性が問題となった。学生たちは、共犯者というよりは被害者であったが、学位論文に不正データが使われていたことに変わりはなく、そのうちの数名の学位が取り消された。

一〇年以上におよぶ研究不正に、周囲の研究者たち、国内外の研究コミュニティの研究者たちは誰も気がつかなかった。科学技術振興機構（ＪＳＴ）の評価委員は、研究終了後の報告書に、「極めて水準の高い研究が行われ、成果の質と量において稀に見る成功例」であり、「研究成果および人材育成の両面から卓越した水準にある」と非常に高く評価したほどである。

辞職後、ＳＫは、父親の出身地である福島県南相馬市でボランティアとして働いている。彼の被災地における活動は地元からは高く評価され、感謝されている。競争社会から解放されたＳＫは、新しい生きがいを見出したのであろう。

事例21　虚構の細胞、ＳＴＡＰ細胞（日本、二〇一四年）

ＳＴＡＰ細胞の発表から二年以上経った今、あらためて振り返ると、ＳＴＡＰ細胞事件とは一体何だったのかという虚無感と徒労感がわいてくる。二〇一四年一月二九日のワイドショーを意識したような派手な発表、ｉＰＳ細胞を超える世紀の大発見という大見出し。そして、二週間後には、ねつ造、改ざんが疑われ、世界中から再現性がないという報告が相次いだ。世間がＨＯをめぐって擁護派と追及派に分かれ、メディアが大騒ぎするなかで、二〇一四年一二月には、ＳＴＡＰ細胞は存在せず、ＥＳ細胞の混入であることが明らかになった。二〇一五年九月、世界の三つの国の研究室が、一三三回の実験で再現ができなかったと報告した。STAP細胞は、一年以上にわたり世間を騒がせ、日本の科学の信頼を失墜させた末に、完全に消えていった。

STAP細胞事件とは何だったのか。情報が出そろった今、その真相に迫ってみよう。

信じた理由

STAP細胞は、分かりやすい細胞であった。iPS細胞のように遺伝子が出てくるわけではない。ストレスを与えるだけで、マウスの血液細胞が初期化し、Oct-4という初期化遺伝子を発現し緑色に光る万能細胞となるというのだ。特殊な培地で培養し増殖能をもった「幹」細胞は、初期化の十分条件である奇形腫（テラトーマ）、キメラマウス作成など多分化能をもつようになる。この驚くべき細胞には、STAP細胞（stimulus triggered acquisition of pluripotency）という覚えやすい名前がつけられた。

ちょうど、前著『iPS細胞 不可能を可能にした細胞』[44]を書いていた私は、降ってわいてきたようなこの細胞を、本のなかでどのように扱うべきか判断できなかった。酸性の溶液に短時間浸しただけで、初期化するなど、にわかには信じられなかった。しかし、この研究は、発生学では世界の最先端を行く理研の発生・再生科学総合研究センター（CDB）の研究である。共同研究者には、この分野をリードする三人の研究者（笹井芳樹、若山照彦、丹羽仁史）が名を連ねている。しかも、二報の論文は厳しい審査を通り、一つはアーティクル（Article、論文[72]）、一つはレター（Letter、速報論文[73]）としてネイチャー誌に同時に掲載されたのだ。あり得ないと思いながらも信じざるを得なかった。

STAP細胞事件の時系列

STAP細胞事件の真相を明らかにするためには、時系列にしたがって記述するのが一番分かりやすいであろう。以下の執筆にあたって主として参考にしたのは、ネイチャーなどの専門誌に発表された論文と理研の公式委員会（自己点検検証委員会[74]、石井委員会[75]、岸委員会[76]、桂委員会[77]など）からの発表である。事件の経過を生々しく再現した須田桃子の『捏造の科学者[78]』からも多くの情報を得た。

1　二〇〇六年〜二〇一一年　HO、早稲田大学、東京女子医科大学からハーバード大に

HOは、早稲田大学の大学院生のとき、東京女子医科大学の医工学連携の研究施設に派遣され、大和雅之教授の指導のもとに研究を開始した（後述するように、この当時の論文にも不正が発見され論文は撤回された）。

二〇〇八年、彼女はハーバード大学、バカンティ（Charles Vacanti）教授の研究室に留学した。このとき以来、彼女は、細胞にストレスを与えると初期化するというバカンティの仮説を証明しようとした。

2　二〇一一年四月　理研CDBでSTAP細胞実験開始

二〇一一年四月から、HOはハーバード大のポスドク(博士研究員)のまま、理研CDB、若山照彦研究室の客員研究員となる。若山は、一九九八年、核移植によりクローンマウスを作成したことで有名な研究者である(事例14参照)。彼女は、若山の助けを借りて、バカンティの仮説を証明しようと考えていた。二〇一一年一一月、期待に応えて、若山は、HOのSTAP細胞を使ってキメラマウスの作成に成功する。それが突破口になって、次々に実験がうまく動きだしたという。

3　二〇一二年四月　論文不採択　特許出願

二〇一二年四月、HO、若山、バカンティは、それまでの研究をまとめてネイチャー誌に投稿するが採択されなかった。続いて、サイエンス誌、セル誌も不採択であった。二〇一四年九月、撤回論文のサイト「リトラクション・ウォッチ」は、ネイチャー誌とサイエンス誌の査読コメントを公開した。[79] サイエンス誌の査読コメントは明快であった。緑色に光ったのは死んでいく細胞であり、実験に使われたのは混入したES細胞としか思えないと指摘した。最初の審査意見が正しかったことが、後に証明される。

二〇一二年四月、HO、バカンティは、アメリカ特許の仮出願を行った。一年後の二〇一三年四月の本出願にあたっては、新たなデータを加えて、理研CDBと笹井芳樹が加わった。

二〇一二年四月、HOは、CDBの研究倫理委員会においてSTAP細胞の説明を行い、STAP細胞がiPS細胞よりも優位であることを強調した。この報告により、STAP細胞は竹市雅俊CDBセンター長の知るところとなった。

4　二〇一二年一二月　HO、特例扱いでCDBユニットリーダーに内定

二〇一二年一一月、幹細胞領域の主任研究員の公募人事について、非公式の打ち合わせを行った際、HOの名前が挙がった。すでに彼女の研究をアドバイスしていた西川伸一副センター長が、HOに応募の可能性をメールで問い合わせた。後述する岸改革委員会は、HO採用に際して、西川が重要な働きをしていたことを示す彼のブログを明らかにした。一二月、採用にあたってのセミナーは非公開となるなど、HOは、特例扱いでCDBに採用内定となった。HOは翌年三月一日ユニットリーダーに着任した。それまで指導していた若山は、三月末に山梨大に研究室を移した。

5　二〇一二年一二月～二〇一三年一二月　笹井芳樹による囲い込み

二〇一二年一二月、ＨＯのセミナーで初めてＳＴＡＰ細胞を知った笹井芳樹は、竹市センター長の依頼を受け、論文作成を手伝うことになる。ネイチャー誌に多くの論文を発表していた笹井は、それまでのデータをもとに、アーティクル論文を完成させ、さらに、これまでの常識を破る胎盤まで作るＳＴＡＰ幹細胞の論文をレターとして執筆した。

自己点検検証委員会の報告によると、笹井は、「秘密保持を優先」し、「ＨＯに対し強力な指導を行ったが、いわば『囲い込み状態』」となり、共著者によるデータ検証の機会を逃した。若山はレター論文の責任著者であったが、ＨＯ、笹井との連絡も悪く、原稿も精査しなかった。二〇一三年一月、丹羽仁史プロジェクトリーダーが論文作成に加わった。丹羽は、後述するＴＣＲ遺伝子の再構成データを問題にし、論文に含めることに慎重であった。

両論文は、二〇一三年三月一〇日、ネイチャー誌に投稿された。ネイチャー誌の三人の査読者は、これだけ重要な発見にしては証明が不十分だとし、追加実験の必要性を指摘した。しかし、担当編集者は、不採択とはしたものの、指摘した問題点に明確に答えられれば、改訂してもう一度投稿してほしいという甘い判断を著者に示した（二〇一三年四月四日）[79]。その後の編集部とのやり取りは分からないが、一二月二〇日、ＳＴＡＰ論文はネイチャー誌に採択された。

笹井芳樹のもとで研究をしたある若手の研究者は、インタビューに答えて、「笹井研のポリシーは、『リバイス（改訂）要求が来たら、何がなんでも、やり遂げる』です」と述べている。[80] おそらく、改訂すれば採択になると考えた笹井は、採択にもっていくことを最大の目標にして、「やり遂げた」のではなかろうか。

6　二〇一四年一月　割烹着を着て記者発表

二〇一四年一月二八日、STAP細胞の発表記者会見が行われた。報道規制の解除された三〇日の朝刊各紙は、『刺激だけで新万能細胞』（朝日新聞）などの華々しい見出しの記事で一面を飾った。テレビは、ムーミンのキャラクターが貼られている黄色い壁紙の実験室で、割烹着を着て実験をするHOの姿をくり返し放送した。彼女の両脇には、共同研究者の笹井芳樹と若山照彦が立っていた。

ワイドショーを意識したような派手な発表は、広告代理店による演出といううわさを何回か耳にした。話題作りをねらった派手な演出が、メディアの関心を呼び、それが二週間後から、自分自身に跳ね返ってくることになろうとは、笹井にも想像できなかったであろう。

当日配布された資料には、STAP細胞がiPS細胞と比べていかに優れているかを示す比較表が載っていた。笹井が作成したこの資料は、iPS細胞の最新のデータを無視しているという山中伸弥からの指摘により、三月に撤回されることになる。

一月三一日、私は、理研の野依良治理事長らと昼食をともにした。この日に関する限り、理事長を含めすべての人は、STAP細胞に興奮し、その将来を期待していた。

7　二〇一四年二月〜三月　ホップ・STAP・ドロップ

一月二八日の発表から数日のうちに、STAP論文の問題点が、ソーシャル・メディアによるサイト、パブピア（PubPeer、第六章）に次々に投稿された。特に、TCR遺伝子の再構成データへの疑問が指摘された。二月中旬になると、簡単にできるはずのSTAP細胞が、世界の一〇以上の研究室において追試できなかったことをノフラー研究室ブログが報じた。

これに対して、三月初め、HO、笹井、丹羽の三人は連名で、STAP細胞を作るための詳細なプロトコルを発表した。三月九日、論文の最も重要なデータの一つである多能性を示す奇形腫の画像が、彼女の学位論文と同一であることを、「11.jigen」が報じた。

STAP研究は、ホップ・STAP・ジャンプとはいかなかった。発表後一ヶ月で、ソーシャル・メディアによりドロップしてしまった。

8　二〇一四年三月　ねつ造、改ざん、盗用（石井委員会）

ソーシャル・メディアからの指摘を無視できなくなった理研は、二〇一四年二月一七日、「研究論文の疑義に関する調査委員会」を立ち上げた。理研上席研究員の石井俊輔が委員長に就任した（以下石井委員会）。委員の半分は理研の職員であった。石井委員会は、一ヶ月半ほどの短い期間に、ネイチャー誌に発表された二つの論文を調べ、データの改ざん、ねつ造、盗用という重大研究不正（第三章）を指摘した。[75]

①Tリンパ球が刺激によって初期化され、STAP細胞になったというのが論文の骨子であった。しかし、その証拠であるTCR遺伝子の再構成を示す画像の改ざんが明らかになった。しかも、驚いたことに、三月に発表されたプロトコルには、目立たない形で、「TCR遺伝子の再構成は八株の細胞のすべてで見られなかった」と書いてあった。[81] 寅さんであれば、『それを言っちゃあ、おしまいよ』といったことであろう。STAP細胞が「誘導」されたという根拠は消え去った。

②本当に初期化したのであれば、マウスに移植して奇形腫を作り、胚操作によりキメラマウスを作れなければならない。しかし、STAP細胞から奇形腫を作ったという画像は、STAP細胞がまだできていない頃の学位論文画像（二〇一一年）の使い回しであることが分かった。完全なねつ造である。私は、一見して小腸に分化したという奇形腫の写

真は、ウソだと確信した。その構造は、生体の小腸組織そのものであった。事実、腫瘍ではなく、移植したマウスの小腸であることが、後に桂委員会のゲノム解析によって明らかになる（膵臓の写真も生体の組織であった）。同委員会は、奇形腫の腫瘍組織とされた標本は、STAP幹細胞ではなくES細胞であることも同時に明らかにした（後述15）。すべてがねつ造であった。

③論文の「実験材料と方法」には、他の論文からの盗用があった。しかも、行っていない実験方法までもが記載されていた。ずさんとしか言いようがない。

④HOの実験ノートは三年間で二冊しかなかったため、データの確認ができなかった。

四月、石井委員長の過去の論文に画像の改ざんがあることが、ソーシャル・メディアによって指摘され、石井は委員長を辞任した。

奇形腫画像のねつ造（②）を知った若山照彦は、データに自信がもてなくなったとして、論文の撤回を呼びかけた。笹井から、これではHOの将来はない、撤回呼びかけを取り消すよう求めるメールが若山にあった。翌日、笹井から依頼された丹羽が若山を説得に山梨まで来たという。

9　二〇一四年四月　スタップ細胞はありまぁす

四月九日、ＨＯは記者会見を開いた。記者の追及に対して、彼女は「スタップ細胞はありまぁす。……二〇〇回以上成功しています」と答えた。再現性に関して、「インデペンデントに実験し、成功した人がいる」「細かなコツをクリアできれば、必ず再現できる」と主張したが、具体的なことは何一つ述べなかった。全体に謝罪が多く、科学的な裏づけに欠ける会見であった。「スタップ細胞はありまぁす」という言葉は、ネット流行語大賞に選ばれた。

一週間後の四月一六日には、笹井芳樹が記者会見を開いた。専門用語を駆使し、冷静に話す笹井は、さすが学会の討論で鍛えられただけのことがあったが、基本的には、釈明と責任逃れに終始した。私が一つだけ気になったのは、ＳＴＡＰ細胞は細胞質もほとんどないような非常に小さい細胞であるという説明であった。私は、もしかすると、ＳＴＡＰ細胞はあるのかなと思った。

この頃、世間の注目度は最高に達した。科学から遠い人ほど、ＨＯを支持し、組織の問題にした。対応が悪かったこともあり、理研は一番の悪者にされた。五月半ば、ｉＰＳ細胞について講演したとき、私は、金融関係の女性から、理研はつぶすべきだという意見を言われた。一方、科学に近い人は、早くから相当に危ない研究であることを察知し、ＨＯを厳しく批判したが、ＳＴＡＰ細胞のすべてが完全な虚像とまでは思っていなかったのではなかろうか。私もまた、少しくらい新しい何かがあるのではと期待していた。しかし、そのような甘い期待は、次に述べるゲノム解析データにより、完全に消え去った。STAP細胞のねつ造が確実になったのだ。

10　二〇一四年六月　STAP幹細胞=ES細胞（ゲノム解析）

自分が使ったSTAP細胞に自信のもてなくなった若山は、手元にある細胞の分析を、第三者機関に依頼した。その結果、矛盾するデータ、説明のつかないデータが出てきた。さらに、理研・統合生命医科学研究センター（横浜）上級研究員の遠藤高帆は、独自にSTAP細胞のゲノム解析を始めていた。全ゲノムの解析が容易になった今、論文となった細胞のゲノム情報は、アメリカの情報センターに登録することになっている。遠藤はその情報を使ってSTAP細胞のゲノム解析をしたところ、驚くべき事実が明らかになってきた。第三者機関と遠藤の分析で、特に重要なのは、次の三つである。[82]

①STAP細胞は、二本一組のはずの八番染色体を三本もっていた（トリソミー）。このような細胞は生まれてこないので、生後一週間のマウスからHOが分離したSTAP細胞はあり得ない細胞ということになる。一方、トリソミーは、長く培養しているES細胞に出現することがある。この事実は、STAP細胞がES細胞である可能性を強く示唆している。

②ＳＴＡＰ幹細胞でキメラマウスを作ると、胎児と胎盤の両者を作ることが「レター論文」で報告されていた。胎児の体を作る細胞と胎盤を作る細胞は、発生のごく早い段階で分かれるので、二つとも作ることは信じられなかった。両者を作るというＦＩ細胞を解析したところ、胎児を作るＥＳ細胞と胎盤を作るＴＳ細胞を九対一で混ぜていることが分かった。

③遠藤が分析した資料は、すべてＨＯがアメリカの情報センターに提供したものであった。そのとき、若山はすでに山梨大に転出していた。状況証拠は、意図的か誤りかは別として、ＥＳ細胞混入の責任はＨＯにあることを示唆している。

11　二〇一四年六月　ＣＤＢを解体（岸改革委員会）

理研は、四月四日、委員全員が理研の外部委員から構成される「研究不正再発防止のための改革委員会」を立ち上げた。委員長には、材料研究者の岸輝雄が着任した。私は、ＷＰＩプログラムのプログラムディレクターとして、当時物質・材料研究機構の理事長であった岸のことはよく知っている。彼の洞察力、指導力には、いつも尊敬の念を抱いていた。

六月一二日、改革委員会の最終報告が発表された。ＳＴＡＰ細胞をめぐる個々の問題だけでなく、理研のガバナンスと組織の問題に鋭く迫った。岸が後にインタビューで明かしたところによると、ゲノムデータの提出を求めると、理研とCDBは改革委員会の任務ではないと言って断ったという。岸は、理研内部の委員会であるにもかかわらず、会議場から理研のスタッフを外し、録音も取らせずに会議を進めた。改革委員会の最終日になって、若山照彦と遠藤高帆に委員会でゲノム解析を証言する機会が与えられた[78]。

改革委員会の結論は、予想をはるかに上回る厳しいものであった[76]。CDBを解体し、研究分野と体制を再構築すべきとした。さらに、責任者を名指しし、交代を求めた。朝日新聞から取材を受けた私は、たった一人のために、たった二つの論文のために、世界のトップを走る組織がつぶされるのはおかしい、とコメントした。私の意見は翌日の紙面に掲載された。海外メディアは、解体を「Dismantle」という英語で伝えた。機械の分解のような意味が強いこの単語からは、委員会が加えた「再構築」の意味は伝わってこなかった。発生学の中心的な研究機関であるCDBには、世界中から一五〇を超す解体反対のメールが届いたという。

しかし、今から考えると、改革委員会の判断は間違っていなかったと思う。そのくらいの強い勧告でないと、理研は動かないと岸は考えたのであろう。そして、理研は、15で述べる調査委員会を設置した。

12　二〇一四年七月　論文撤回

三月に若山照彦が、論文撤回を呼びかけても、HO、笹井、バカンティら責任著者は、撤回に同意しなかった。しかし、これだけの不正事実が揃ってくると、撤回するほかない。ついに、七月三日号のネイチャー誌上で、全著者の同意のもとに、二論文の撤回を発表した。ネイチャー誌は、論文の撤回に際して、反省を込めて、今後の査読と編集体制を再建するというコメントを発表した。[83]

13　二〇一四年八月　笹井芳樹自殺

八月五日、パリに滞在していた私は、東京からのメールで、笹井芳樹の自殺を知った。笹井芳樹とは、前著『iPS細胞』の執筆にあたって面会の約束をしていたが、STAP細胞事件のために延び延びになっていた。笹井は、ES細胞、iPS細胞から脳や眼のような複雑な臓器をシャーレの中で作ることで、世界を完全にリードしていた。二年前の二〇一二年、ネイチャー誌は、「ブレイン・メーカー」という名前で、彼の大きな写真とともに笹井の業績を紹介したほどであった。[84]その笹井が、なぜここまでSTAP細胞に取りこまれてしまったのか。彼の明晰な頭脳は、なぜSTAP細胞の虚像を見抜けなかったのか、今でも理解できないでいる。

14　二〇一四年一二月　HO、丹羽による追試不成功

六月半ば、下村博文文科大臣が、HOにも追試をさせるべきと、テレビカメラの前で発言したのを聞いて、私は驚いた。ゲノムが違うという決定的な証拠が出ており、論文撤回の方針がほぼ決まっているのに、今さら、再現実験をするという意味が分からなかった。おそらく、世間のSTAP信者を納得させるのには、彼女に実験をさせるほかないと考えたためであろう。そうであれば、理解できないわけではない。

HOによる検証実験は、七月一日から始まった。一一月三〇日までに、完全監視下で実験を行い、白黒をつけなければならない。しかし、一二月、彼女は、自分の実験を再現できなかったと報告した。並行して再現を試みていた丹羽仁史も成功しなかった。論文発表後、再現性がないという批判に対して、わざわざプロトコルを発表した二人が揃って再現できないとはどういうことだろうか。

15　二〇一四年一二月　ES細胞の混入証明（桂委員会）

若山が依頼した第三者によるゲノム解析、遠藤高帆による自主的なゲノム解析を、むしろ迷惑のように思っていた理研も、岸改革委員会の厳しい意見にしたがわざるを得なくなった。理研は、九月三日桂勲（国立遺伝学研究所所長）を委員長とする「研究論文に関する調査委

員会」を立ち上げた。外部委員七名から構成される委員会は、ゲノム解析技術を駆使し、さらにHO、若山、丹羽に対するヒアリングを行い、わずか四ヶ月弱の短期間で完璧な報告書をまとめた。[77] 一読して思うのは、なぜこのような調査を最初から行わなかったのかということである。理研が、不正解明に積極的であれば、もっと早く解決していたはずである。

桂委員会の結論は明快であった。その要旨は次の四項目にまとめることができる。

①STAP幹細胞、それによってできたという奇形腫、キメラは、すべてES細胞の混入である。STAP細胞が多能性をもつという主張は否定された。

②実験記録、オリジナルデータがほとんど存在せず、「責任ある研究」の基盤は崩壊した。その責任はHOに帰する。

③データの取り違え、図表の不適切な操作、実験方法の初歩的な間違いなどが非常に多い。その責任はHOにある。

④以上の点を共同研究者は見逃していた。笹井芳樹と若山照彦の責任は大きい。

誰が混入したのであろうか。実験中に細胞が混入することは稀にある（第四章）。しかし、あったとしても単発の事故であり、すべての実験で細胞が混入するなど、人為的な混入以外考えられない。

16　二〇一五年二月　関係者処分（理研）

HOは、再現実験に失敗した後、二〇一四年一二月二一日に理研を依願退職した。理研は、二〇一五年二月、関係者の処分を発表した。HOは、懲戒解雇相当、若山照彦は出勤停止相当、丹羽仁史は文書による厳重注意、竹市雅俊は譴責処分となった。

17　二〇一五年九月　世界中で再現できず（ネイチャー誌）

二〇一五年九月、ネイチャー誌は、STAP細胞とSTAP幹細胞の再現性に関する国際研究結果を発表した。[85]スタンフォード大学、ハーバード大学（二研究室）、マサチューセッツ工科大学、ワイズマン研究所（イスラエル）、北京大学、中国科学院（広州）のトップクラス七研究室が行った、合計一三三回におよぶ再現実験は、すべて不成功であった。ネイチャー誌は、これぞ「科学の自己修正力（self-correcting nature of science）」と自画自賛したが、[86]私は、自分で火をつけて消しに行く「マッチポンプ」という言葉を思い浮かべた。

18　二〇一五年一〇月　博士学位取り消し（早稲田大学）

HOが早稲田大学に提出した博士論文は、アメリカNIHのホームページの解説文などからのコピペでできていた。さらに驚くことに、細胞や肝臓の写真は、試薬メーカーのホームページからのコピペであった。彼女には、オリジナルを尊ぶ精神がまったくないとしか思えない。早稲田の同じ大学院の学生たちの博士論文も、その大部分はコピペでできていたことが、「11.jigen」の調査で判明した。

早稲田大学は、一年間の猶予を与え、二〇一五年一〇月までに、博士論文の再提出を求めたが、期限までにHOは博士論文を完成できなかった。彼女の博士号は取り消された。

19　二〇一五年一一月　会計検査院報告

二〇一五年一一月、会計検査院は、STAP細胞の研究と調査にかかった費用を発表した。

・二〇一一年度から二〇一三年度の研究に要した費用／五三二四万円
・二〇一三年度から二〇一四年度の調査費用／九一七〇万円

合計一億四四九五万円もの国民の税金が使われたことになる。HOは、論文投稿費用として六〇万円を理研に返還しただけであった。

なぜだまされたのか

二〇一五年八月、私は、山梨大の若山照彦の研究室（発生工学研究センター）を訪ねた。

ちょうど、関西の大学から招待された二人の若い研究者によるセミナーが行われていた。夏休みにもかかわらず学生が参加し、活発に研究をしている様子がうかがえた。若山の研究室は、おそらく世界でも最大級の哺乳類核移植センターであろう。

私は、なぜだまされたのか、という率直な質問を若山にぶつけた。HOが彼の研究室に来て最初の半年くらいの間は、実験がうまくいかず、彼女は悩んでいたという。二〇一一年一一月、HOからわたされたSTAP細胞を使って若山がキメラマウスの作成に成功したのをきっかけに、次々にデータが出始めた。そして、STAP細胞から、STAP幹細胞も作れるようになった。

TCR遺伝子の再構成の実験でも、若山の研究室では誰も証明できなかったが、HOが実験するときれいなデータが出てきた。論文を書くために、このようなデータがあればよいと言うと、数週間後にできてくる。その上、彼女はプレゼンテーションが上手でCDBの執行部も感心するくらいだったという。みんな、HOはすごいと思うようになった。その一方、彼女の知らないような話をすると怒るので、怒らせないよう会話に気をつけ、誰も研究の話をしないようになったという。

なぜだまされたのか、少しは分かったような気がしたが、それでも、なんでここまでの不正を見抜けなかったのかという疑問は残ったままであった。

STAP細胞に関わった人たちと理研のその後

・理研はSTAP細胞の特許出願を放棄した。
・脳、眼などの組織をシャーレのなかに作り、世界を驚かせた笹井芳樹は、自ら命を絶った。
・若山照彦は、山梨大・発生工学研究センターにおいて、国際宇宙ステーションでの共同実験を開始した。
・丹羽仁史は、熊本大学に発生医学研究所の教授として復帰し、幹細胞の研究にもどった。
・HOの学位論文を指導した東京女子医大の大和雅之は、ストレスから病に倒れた。
・ハーバード大のバカンティは、職を離れた。
・理研CDBセンター長の竹市雅俊は解任された。代わって、大阪大学から濱田博司がセンター長に着任した。濱田は、HOが緑色に光ったと称したOct-4遺伝子を一九九〇年に分離している。
・岸委員会の提言にしたがい、理研CDBは解体的出直しを行い、半分の大きさになって再出発した。
・STAP細胞と何の関わりもないCDB研究員は、解雇こそされなかったものの、研究室を替えざるを得なくなった。

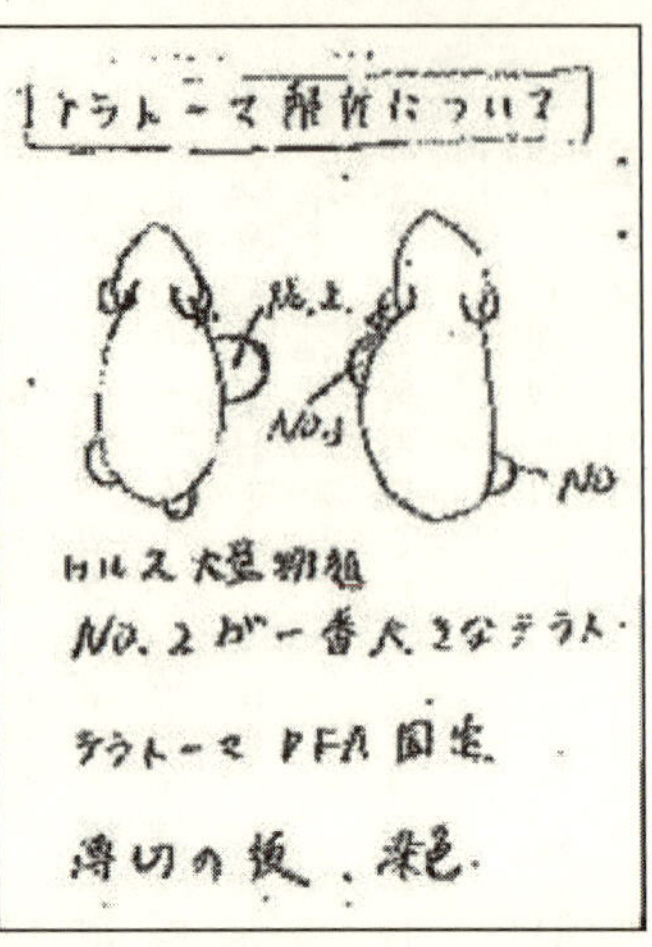

図2-14　HOの実験ノート。STAP細胞による奇形腫（テラトーマ）を記したようだが、日付、移植細胞数、腫瘍のサイズなど何も書かれていない

・理研の野依良治理事長は、任期途中で退任した。代わって、前京都大学総長の松本紘が着任した。

・理研は、「独立行政法人」から「特定国立研究開発法人」に格上げされ予算などの面で特別扱いになるはずであったが、延期された。

・HOは、STAP細胞発表から二年後の二〇一六年一月、『あの日』という本を出版した。[87] 自らを正当化し、若山照彦にすべてを押しつけようとする作為的な内容である。彼女は、ES細胞の混入を「仕掛けられた罠」として否定している。しかし、桂委員会は、彼女自身が行った奇形腫実験（図2-14に示すように、マウスの絵が描かれた彼女の実験ノートが公開されている）は、STAP幹細胞ではなく、ES細胞そのものであることを、標本のゲノム解析によって明らかにしている（上述15）。

・二〇一六年一月、HOの東京女子医大当時（理研CDBで研究を開始する以前、前項1）の発表論文（ネイチャー・プロトコルズ誌、二〇一一年）[88] に不正画像が発見され、東京女子医大と早稲田大は論文を撤回した。HOは、大学院生時代から不正に手を染めていたことが明らかになった。

・何よりも深刻な影響は、人々が科学と科学者を信頼しなくなり、わが国の科学は世界からの信用を失ったことである。自らの研究に誇りをもち、一生懸命研究を行っていた研究者にとって、これほどひどい仕打ちはない。

註『iPS細胞　不可能を可能にした細胞』に大幅に加筆した。

第三章　重大な研究不正

嘘は河豚汁である。
その場限りで祟がなければこれほど旨いものはない。
しかし中毒たが最後苦しい血も吐かねばならぬ。
夏目漱石『虞美人草』

この章では、重大な研究不正として、ねつ造、改ざん、盗用に加えて、生命倫理違反を取り上げる。生命倫理違反は、普通、研究不正のカテゴリーで議論されない。しかし、人と生命の尊厳を守るための倫理規範である生命倫理は、生命科学、特に医学研究にとっては、最も重要な遵守事項である。生命倫理に違反したり、手続きを無視すると、論文を取り下げなければならないことになる。

ねつ造、改ざん、盗用

アメリカ国立科学財団（National Science Foundation、ＮＳＦ）をはじめ、世界の国々が、重

大な研究不正として認定しているのは、

・ねつ造（Fabrication）
・改ざん（Falsification）
・盗　用（Plagiarism）

の三つの不正である。文科省のガイドラインは、この三者を「特定不正行為」として位置づけている。それぞれの英語の頭文字をとって、「FFP」ともいう。研究不正の研究者、白楽ロックビルは、日本語の頭文字から、「ネカト」と呼んでいる。本書では、「重大な研究不正」と呼ぶことにする。分かりやすくいえば、レッドカードに相当するような一発退場の違反である。misconduct（不正）と同じような意味で、fraud ということもあるが、「詐欺」のニュアンスが強い。

重大な研究不正のうち、どの不正が多いであろうか。アメリカ研究公正局（ORI）の調査によると、生命科学系の事例一三三件のうち、重大不正の分布は、次のようになる。[1]

・ねつ造　　二二パーセント
・改ざん　　四〇パーセント
・盗　用　　六パーセント
・ねつ造＋改ざん　　二七パーセント

・改ざん＋盗用　　四パーセント
・その他　　一パーセント

改ざんが最も多く、次いでねつ造＋改ざん、ねつ造となる。この三つで九〇パーセント近くを占めていることになる。

次に、ねつ造、改ざん、盗用の一つ一つについて考えてみよう。

1　ねつ造

NSFは、ねつ造を、「データや研究結果をでっちあげ、記録し、または発表・報告すること」（*Fabrication* is making up data or results and recording or reporting them.）と定義している。

まったくないデータを作り上げてしまうようなレベルから、データの一部に手を加えるものまで様々である。このようなことが悪いことなのは小学生でも知っている。それを、頭がよいといわれ、高い教育を受けたはずの科学者がやってしまうのだ。世間の人々にしてみれば、信じられない思いであろう。

ねつ造と同じ意味で使われる単語には、fudge、massage、forge、cheat などがある。単に "make up" ともいう（ちなみに、化粧は makeup である）。

子供だましのようなねつ造手口

第二章で紹介した二一の事例のなかには、どうしてこんな幼稚な手口にだまされたのかと、思わず笑ってしまいたくなるようなねつ造がある。

・ネズミの背中をフェルトペンで塗ったサマリン（事例4）
・自分で埋めた石器を自分で発掘した旧石器事件（事例11）

なかには、考えたことを、実験／調査もせずに（あるいはした振りをして）、データをねつ造した例もある。

・ありもしない超伝導装置を作ったとして論文を発表したシェーン（事例12）
・降圧剤の効果をごまかしたノバルティス事件（事例18）

多くのねつ造は、科学をよく知っている人でなければできないような、手の込んだ技術を使っている。初めのうちは信用されるが、いつかは真相が明らかになる。

・ヨードラベルのタンパクをリン酸化と偽ったスペクター（事例6）
・ヒト核移植幹細胞を偽った黄禹錫（事例14）
・遺伝子操作動物が存在しなかった阪大事件（事例15）
・ES細胞とすり替えられていたSTAP細胞（事例21）

2　改ざん

ＮＳＦによると、改ざんは次のように定義されている。「改ざんは、研究資料、研究機器、研究過程を操作すること、あるいは、データや研究結果を変更、あるいは除外することにより、研究記録と正確には合致しないように研究を変えてしまうこと」である（*Falsification* is manipulating research materials, equipment, or processes or changing or omitting data or results such that the research is not accurately represented in the research record.）。

簡単に言えば、自分の都合のよいように、データに手を加えることである。データを改ざんすると、結果として、データのねつ造につながる。会計粉飾を意味する「Cooking the books」という慣用語があるが、最近は「Cooking the data」とデータ改ざんにも使われるようになった。なお、料理の本は、「Cookbook（あるいは、Cookery book）」である。

電気泳動によるＤＮＡ、ＲＮＡ、タンパクの分析

研究不正は、生命科学分野に多い。そのなかでも、不正の温床となっているのは、電気泳動である。なぜ、そんなに多いのだろうか。最初に、この技術の基本を説明しておこう。

門外漢から見ると、ただ黒いバンドが写っているだけの電気泳動（図3-1）は、ＤＮＡ、

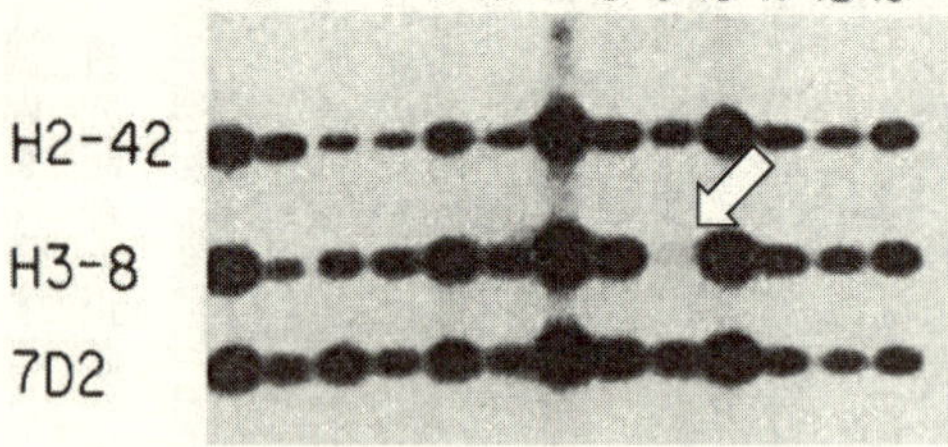

図3-1　Rbがん抑制遺伝子の最初の手がかりとなった電気泳動。13人の患者の網膜芽細胞腫DNA（横軸）を泳動し、3種のヒトゲノム領域（縦軸）との結合を調べたところ、9番の腫瘍DNAは、H3-8ヒトゲノム領域と結合しなかった（矢印）。このデータは、9番の腫瘍ではH3-8領域のゲノムが欠損していることを示している。これを手がかりに、最初のRbがん抑制遺伝子が分離された[2]

RNA、タンパクの分析に欠かせない実験技術である。その原理は簡単である。DNA、RNA、タンパクのような高分子物質を処理してから、ゲル（アクリルアマイドなど）のなかで電気をかけて泳動する。小さい分子ほど速く移動するので、大きさにしたがって並んだ標本が得られる。それをメンブラン（薄膜）に移し、特異的な配列のDNAでラベルする、あるいは抗原と反応させたり、アイソトープを検出したりすると、目的とする分子を認識できるというわけである。道具もすごく簡単。二〇センチ四方ほどのプラスチックの箱のなかのゲルにサンプルを入れ、電流を流して、一時間ほど待てばよいのだ。

この技術は、最初、サザン（Edwin Southern）がDNAの分析のために開発した。このため、サザンブロット法と呼ばれている。その後RNA、タンパクに応用され、それぞれをノーザン、ウエスタンと呼ぶようになった（イースタンはない）。

おそらく、生命科学から離れたところで研究している人には、この技術がどうしてそれほど重要なのか分からないであろう。不正の例に入る前に、この技術が決定的な役割を果たした実験例を示しておこう。図3-1は、最初のがん抑制遺伝子Rbを分離した論文の図である。[2] 網膜芽細胞腫という眼の小児がんは、Rbがん抑制遺伝子が欠損しているために起こる。[2] 眼科医のドライジャ（Thaddeus Dryja）は、自分で手術した網膜芽細胞腫のDNAを、ヒトDNA断片とゲルの上で反応させては、欠損した遺伝子を探し続けていた。ゲノムが解析されていない一九八〇年代に、欠損している遺伝子を探し出すなど、まるで宝くじに当たるようなものであった。しかし、ドライジャは、ついにRbがん抑制遺伝子を分離する。図の九番レーンの欠損しているバンド（矢印）が、目的の欠損しているゲノム領域（H3-8）であった。山中伸弥が、[3] 失意の時代、私の『がん遺伝子の発見』[2]（中公新書）を何回も読み直し、力づけられたというのは、この図である。

不正の温床、電気泳動

このように、電気泳動は、生命科学にとっては、欠かすことのできない基本技術である。しかし、単なる黒いバンドの二次元画像は、あまりにも心細すぎる。画像解析ソフトのフォトショップを使えば、バンドを消したり、貼り付けたり、バンド間の差を強調したりなど、自由に操作できる。実際、電気泳動画像を操作するデータ改ざんが後を絶たない。

二〇〇四年、アメリカ細胞生物学会の編集者は、ゲルの画像について調査した。その結果、審査を通った論文の一パーセントに、結論に影響するようなゲルの操作が発見された。[4] さらに、二五パーセントの論文では、少なくとも一つの画像に不適切な操作が見つかったという。ガイドラインを示したにもかかわらず、データ操作はかなり広く蔓延しているのだ。

このような状況に危機感をもった編集部は、ゲル画像などへの操作について注意を呼びかけた。[5] 全体のバランスを変えないような明るさ、コントラストの変更は、大きな問題ではないが、一部分だけを操作したり、他のゲルと置き換えるのは、明らかな改ざんである。画面のスミにあるノイズ（ゴミ）は、画像を同定するときの重要な資料になるので、ノイズを消してもいけない（事例12、図2-11参照）。ゲル画像の操作については、わが国の分子生物学会も指針を発表している。[6]

画像改ざんの実例

最初に、画像改ざんの分かりやす過ぎる例を示そう。図3-2写真Aは、前著『iPS細胞』（中公新書）の執筆の打ち合わせのときに撮った山中伸弥と私の写真である。この写真から私の写真だけを抜き出すのは、重要な情報を除外したので、改ざんあるいは不適切な行為になる（写真B）。さらに、私の写真をフォトショップ・ソフトを使ってコントラストを変えると（写真C）、相当に変わった印象となるので、改ざんである。さらに、写真Bの頭髪部分をインターン生の頃の私の写真（E）と置き換えれば（写真D）、誰が見てもねつ造で

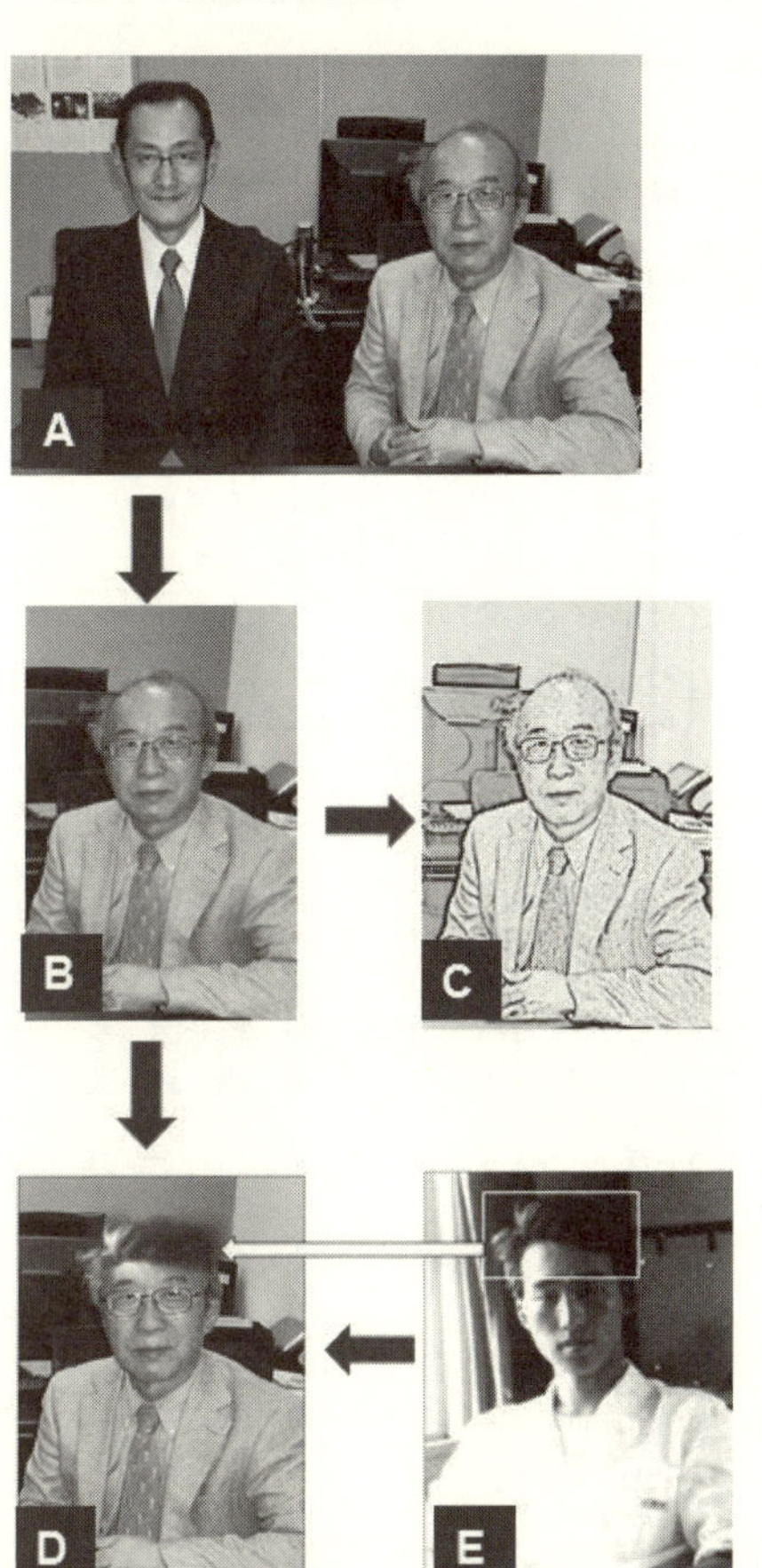

図3－2　山中伸弥と私のツーショット写真を使った改ざん、ねつ造の例。A・元の写真。B・私の写真だけを切り出す。C・コントラストを変える等の操作を加える。D・私のインターン時代の写真（E）から頭髪部分を抜き出し、Dの頭に乗せる

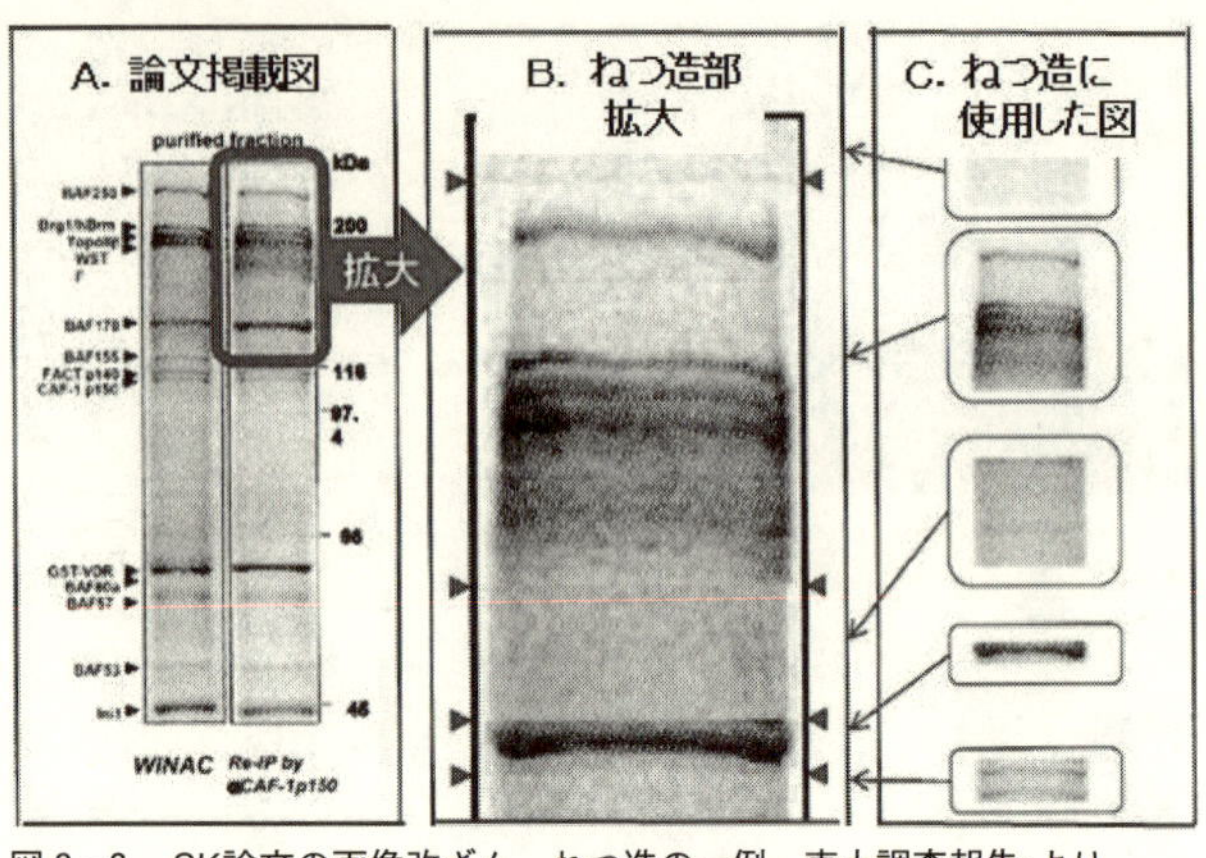

図3-3　SK論文の画像改ざん、ねつ造の一例。東大調査報告[7]より

ある。

　これを笑い話と思ってはいけない。実際、頭髪を置き換えるようなことが、東大分生研のSKの論文（事例20）で行われていた。図3-3は、東大の調査報告書[7]が指摘したゲル画像操作の例である。セル誌掲載論文の図（A）の右の泳動画像をよく見ると、切り貼りしたつなぎ目が分かる（拡大図の▶印）。画像編集ソフトに残された編集履歴を辿ったところ、図Aの画像はなんと九つの画像（図C）を合成して作られたものであることが分かった。この研究室の論文には、都合のよい位置にバンドを移す、あるいは同じ画像を使い回しするなど、電気泳動の「ねつ造・改ざん技術」がくり返し使われていた。

　もし、バンドを数値化して、棒グラフで示せば、手を加えた跡は、まったく分からなくなる。電気泳動のデータは、定量化の前に、定性的に画像の正当性を証明しておくことが大事である。

3　盗　用

ＮＳＦの定義によると、「盗用とは、他人のアイデア、研究手順、結果、文章などを、それらの出典の了解を得ることなく、あるいは適切に表示することなしに、あたかも自分のものであるかのように発表することである（*Plagiarism* is the appropriation of another person's ideas, processes, results, or words without giving appropriate credit.）」。

英語の "Plagiarism" は、あまり見慣れない単語であるが、語源的には、ギリシャ語、ラテン語で "Kidnapper" つまり誘拐を意味する言葉という。右の定義のように "appropriation" という言葉も、盗用、横領などの意味で用いる。

盗用は、研究論文以外にも、広い範囲の作品、ドキュメント、芸術作品に横行している不正である。文学、芸術の世界では、「盗作」「剽窃」と言うことが多い。

研究不正としての、盗用には次の三種類がある。[8]

①アイデアの盗用（Plagiarism of ideas）
②結果の盗用（Result plagiarism）
③文章の盗用（Text plagiarism）

さらに、自分の資料を再利用することを、自己盗用（self-plagiarism）と呼んでいる。

アイデアの盗用

研究は、アイデアから出発する。それまでの研究を分析し、次の実験のための仮説を立て、それを証明するための方法を考える。考えに考えた末、突然、アイデアがひらめくこともある。そのアイデアを人に横取りされるほど、悔しいことはないだろう。研究は、一番手だけが認められる世界である。アイデアを盗まれて、他の人に先を越されたら、発表する意味もなくなる。

しかし、アイデアを盗用したという証拠を探すことは難しい。そもそも、アイデアは表に出てこないので、それにアプローチすることもできないはずである。例外は、論文の査読と研究費の申請である。研究の実現性を示すためには、実験計画をかなり具体的に示さなければならない。日本の科学研究費補助金（科研費）では、比較的簡単でよいが、アメリカでは相当のページを割いて詳細に実験計画を記載する。審査は同じ分野の研究者（ピア）が担当するので（第六章）、研究のアイデアを盗られてしまう恐れがある。これは、審査員の「誠実さ」の問題である。

結果の盗用

他人の論文、自分の論文、ネット情報を問わず、引用元を示すことなく、論文のなかで使うのは盗用である。自分の論文であっても、以前発表したデータを、新しいデータのように発表する「使い回し」は、盗用というよりはねつ造に近い。シェーン（事例12）は、同じデータを、何回も使い回しして論文を書いたことがきっかけとなって、ねつ造が発覚した（図2-11）。STAP細胞事件（事例21）のHOは、ネイチャー誌の論文のなかで、学位論文の顕微鏡写真をSTAP細胞による奇形腫の写真として使っていた。

事例22　学位論文盗作によるドイツ閣僚の辞任（ドイツ、二〇一一、一三年）

メルケル内閣の重要閣僚二人に、学位論文での盗用が発覚し、さらに一人に疑惑がもたれている。二〇一一年、グッテンベルグ（K-T. Guttenberg）国防相はバイロイト大学の学位論文に盗用があることが発覚し、辞任した。二〇一三年には、シャバン（A. Schavan）教育相が、デュッセルドルフ大学の学位論文における盗用で、辞任に追いこまれた。ドイツでこのように次々に盗用が暴かれるのは、剽窃ハンターと呼ばれるサイトがネット上に開設されていることもある（ウィキペディアによる）。

コピペの基準

インターネットにより、あらゆる情報が一瞬のうちに得られるようになった。現に私も、インターネットから情報を集めながら、この原稿を書いている。しかし、その情報をそのまま使うことは絶対にない。いくつもの情報を集め、自分で理解した後に自分の言葉で書くという大原則を守っている。ウィキペディアから得た情報であれば、その旨明示する。

今の学生は、コピー・アンド・ペースト(コピペ)が悪いとは思っていない。大学の教員によると、学生のレポートにはインターネットからのコピペが相当に多いという。レポートの場合は再提出ですむかもしれないが、学位論文の場合は、深刻な影響を受ける。事例22のドイツ閣僚は、学位論文の盗用が発覚し辞任した。STAP細胞(事例21)のHOの学位論文には、文章の盗用だけではなく、試薬メーカーのホームページから肝臓や培養細胞の写真までもが盗用されていた。彼女の博士号学位は、二〇一五年一〇月に取り消された。

コピペはまったく許されないのか。短い文章であればよいのか。基準はないが、パラグラフの丸ごとコピペは、完全に盗用と認定されるであろう。しかし、文章単位のコピペまで問題にするのは、英語を母語としない人たちにとって、英文で論文を書くお手本を奪うことになる。自分自身を振り返っても、英文論文のよい文章を模倣することで、これまで英語の書き方を学んできた。テキストの文章が似ているからという理由で、盗用扱いにするのは、英語を母語とする人たちの驕りだと思う。

文章盗用検出ソフト

文章盗用の背景にはインターネット社会がある。そして、それを検出できるようにしたのも、またインターネットを利用したソフトである。物理学者のガーナー（Harold Garner、第五章）は、専門外のヒトゲノム計画を手伝うなかで、自分のための医学生物学の論文検索ソフトを作った。[9]

ガーナーは、自ら開発したソフトを使って、論文のなかから非常に似た文章を検索した。その結果、全学術論文の〇・一パーセントは、他人の論文からのあからさまな盗用であった。最もひどい例は、二つの論文の間で八六パーセントが一致していた。[9] なかには同じ著者による論文がほぼ一字一句たがわずに五つの専門誌に掲載された例もあった。二〇一二年には、論文ではなく、研究費の二重申請を調べた。官民の研究費支援機関への八六万件の申請を調べた結果、一七〇組が、目標、目的などが実質的に同じであることが分かった。そのなかには、アメリカ屈指の名門大学も含まれていた。その結果生じる研究費の損失は、年間二億ドルに達するという。

最も広く使われているテキスト盗用検索ソフトは、iThenticate である。わが国でも、S

TAP細胞事件以来、ほとんどすべての研究機関が購入した。販売会社はHOに感謝状を出すべきであろう。投稿前にソフトで調べておかないと、査読に回る前に、論文が却下されるような事態も発生している。

4 自己盗用と文章リサイクリング

自己盗用とは、論理的におかしな用語であるが、自分のデータ、論文などをもう一度使うことを指す。自分のデータをあたかも新しいデータとして、使い回しをするのは、ねつ造として論文撤回にいたることは前節で述べた。

上述のガーナーは、自ら開発したソフトで検索したところ、全論文の一パーセントが、自己盗用、すなわち、自分の以前の論文と同じ文章を使っていたという。しかし、自分の論文の文章を使うことまで、「盗用」と呼ぶべきであろうか。「リサイクリング」あるいは「再使用(Re-use)」といった方がよいのではなかろうか。出版倫理委員会(Comittee of Publication Ethics、COPE)では、論文撤回となる自己盗用として、次の四項目を挙げている。

①研究材料と方法の項を除く本文に、同一著者による前著から、同一文章が大幅にリサイクルされているとき。
②リサイクル文章が前著の結果を示し、他に新しいデータがないとき。

③考察（Discussion）と結論（Conclusion）の主要部分に、同じ文章が使われているとき。
④リサイクル文章が著作権を侵害しているとき。

私は、文章リサイクリングまで盗用として扱うのは、行き過ぎだと思う。その理由を以下に記す。

・科学論文は、文学作品でもなければ、ルポルタージュでもない。科学論文にとって何より大事なのは、科学的内容である。文章の一部が一致しているからといって、不正扱いにするのは、本末転倒である。

・科学論文は、事実を簡潔、明快かつ論理的に記載するべきである。[10] 主観的な表現を排し、分かりやすい文章で正確に書くことが要求されている。このため、多くの論文の文章は、必然的に似通ったものになってくる。

・研究は、一つの流れで行われる。したがって、研究の意義を説明する序論は、先行する論文と同じような表現になることが多い。研究材料と方法は、その要点を書くので、定型的な表現を使うことになる。要約、結論は短い行数で正確にまとめるため、同じような文体になる。文体が酷似するのは、科学論文にとって必然の結果である。

幸いなことに、自己盗用への過剰反応については、反省の論調が発表されるようになってきた。ペンシルバニアの化学者、フランクル（Michelle Francl）は、文章のリサイクリングは、常識の範囲であれば、許されるべきという主張を展開している。[11] インド出身の物理学者、チャーダ（Praveen Chaddah）も、文章の盗用を理由に論文を撤回するのは、間違いであることを指摘している。[8]

論文を出すにあたっては、編集者の方が強い立場にあることは確かだ。われわれは、正論を主張しながらも、論文を投稿するときには、上記の出版倫理委員会の規程を参考に、前もって盗用検索ソフトによって、重複している表現を手直しして、査読にまでもっていくほかないであろう。

5 重大な研究不正の頻度

どのくらいの頻度で、ねつ造、改ざん、盗用のような重大な不正行為が行われているのであろうか。その統計を取るのは難しい。年間二〇〇万も出版される論文一つ一つについて、不正の事実を確認することはできない。そこで取られた手段は、研究者へのアンケート調査である。重大な研究不正や不適切な研究行為を経験したことがあるか、見聞きしたことがあるか、などについて問い合わせる方法である。一方、客観的な数字として利用できるのは、不正の結果撤回された論文の数である。これなら、データベースからコンピュータにより拾い出すことが可能である。撤回論文については、第七章で詳しく紹介する。

ミネアポリスのマーチンソン（Brian C. Martinson）らの報告（二〇〇五年）によると、データの操作（クッキング）をしたと自己申告した人は〇・三パーセント、他人の不正を見逃した人は一二・五パーセントにのぼる[12]（次章表4-1）。マーチンソンの調査については、次章で詳しく紹介する。

エディンバラ大学のファネリ（Daniele Fanelli）は、二〇〇八年までの信頼の置ける研究不正調査論文一八を選んで、総合的に検討した[13]（メタ解析）。半数以上の報告（一四報告）は医学関係を対象としているが、科学の全分野および経済学を対象とする報告も含まれている。アメリカの研究者を対象とした調査が大部分（一五報告）である。それによると、一・九七パーセントの研究者が一度は研究不正を経験していると自己申告した。次に、周囲の人が研究不正をしているのを見聞きしたことがあるかという質問をしたところ、一四・一パーセントの人があると答えた。

以上の調査結果を表3-1にまとめた。二つの調査のなかでは、一八の調査をメタ解析したファネリのデータの方が信頼できるであろう。研究不正を経験した人が二パーセント近くはいることになる。他の人の不正を目撃したり、うわさを聞いた人は、一四パーセントに達する。研究不正行為がかなりの頻度で行われているのは確かなようだ。研究不正行為のすべてが不正論文として出版されるわけではないであろう。良心が働き引っこめられたデータがあるかもしれない。論文発表にいたる途中で、採用されなかったかもしれない。それにしても、少なからぬ数である。

毎年二〇〇万も発表される論文のなかで、世間の興味を引く一部の論文だけが、不正追及者の興味を引き不正が暴かれ、論文が撤回される。しかし、大部分の論文は、一般的な興味を引かず、不正を抱えたまま埋もれているのではなかろうか。よく言われているように、不正な「稀な傷んだリンゴ（One bad apple in the barrel）」ではなく、「氷山の一角（Tip of the iceberg）」であるのは確かであろう。

表3-1　研究不正の自己申告

マーチンソンらによる報告（2005）			
生命科学	データ操作（クッキング）	自己申告した	0.3%
		他人の不正を見逃した	12.5%
ファネリによるメタ解析（2009）			
全分野	ねつ造 改ざん	自己申告した	1.97%
		他人の不正を見聞した	14.1%

6　生命倫理違反

生命科学のなかでも、ヒトを対象とする研究に際して、生命倫理を守らないのは、重大な違反である。生命倫理に反したり、手続きを無視した場合、重大な研究不正と同じように、論文撤回処分となる。

生命倫理の基礎となっているのは、一九六四年のヘルシンキで行われた、世界医師会総会の「ヘルシンキ宣言」である。正式名称の「ヒトを対象とする医学研究の倫理的原則」が示すように、医学研究者が自らを規制するために定めた倫理規範である。数年ごとに改訂されており、最新版は、二〇一三年のブラジル版である。

生命倫理は、臨床研究、ゲノム解析、生殖医療などについて指針が作られている。これらの指針は、常に見直され改訂されているので、研究を行うときには最新の指針にしたがわねばならない。私は、以上の指針のうち、ヒトゲノム・遺伝子解析倫理指針の文科省、厚労省、経産省合同委員会において、文科省の主査として法律学者と共同して指針をまとめた経験をもつ（二〇〇一年）。

ヒトを対象とする研究の際には、研究機関の倫理審査委員会（Institutional Review Board、IRB）の審査を受けなければならない。倫理審査委員会で承認されたら、対象者にきちんと説明し、研究内容の理解を得た上で、同意書を文書でとらねばならない。同意書は、「インフォームド・コンセント（Informed consent）」あるいは、「説明と同意」という。この二つの要件を満たさずにヒトを対象とした研究を行うと、次の事例のように、論文が撤回されることになる。

事例23　倫理審査を通していない論文八八報を撤回[14]（ドイツ、二〇一一年）

撤回論文ワースト第二位にランクされているのは、ドイツの麻酔科医ボルト（Joachim Boldt）である（表7-1）。一八の麻酔関係の専門誌の編集長が共同して調査に当たり、ボルトの一〇二論文中八八報もの論文が倫理審査委員会を通っていなかったことを発見し、編集者の判断で論文を撤回した[14]。その後別な不正も明らかになり、ボルトの撤回論文数は九五報に達した。

第四章　不適切な研究行為

「おまえは、いまにきっと、人さまからさんざんにしかられますよ。」と、おかあさんはいいました。

……ところが、ほんとうにそのとおりになってしまいました。

「パンをふんだ娘」『アンデルセン童話集』（大畑末吉訳）

1　どのくらい行われているか

世の中の不祥事の多くは、小さな不正を積み重ねた上で、最悪の事態にいたることが多い。研究不正においても、他人のアイデアを借用して知らぬ顔をする、不都合なデータを隠す、利益相反を隠す、などなど、「イエローカード」に匹敵するような不適切な研究行為が行われている。アメリカでは、これらを「疑わしき研究行為（Questionable research practice、QRP）」と呼んでいるが、ここでは一歩踏みこんで「不適切な」と呼ぶことにしよう。研究不正をなくすためには、このような行為を問題にしなければならない。

表4-1　不適切な研究行為（疑わしき研究行為）の経験者（%）[12]（複数回答）

行為分類	重要10項目	自己申告(単位:%)
データの操作	データの操作（クッキング）	0.3
	他人の不正の見逃し	12.5
アイデア／情報	他人のアイデアを許可なく使用	1.4
	関係する秘密情報を許可なく使用	1.7
不都合なデータ	自分の不都合な先行研究を隠す	6.0
ヒト対象研究	重大な条件無視	0.3
	マイナーな違反	7.6
資金源	関係企業の不適切な開示	0.3
	資金源の圧力による研究デザイン、方法、結果などの変更	15.5
人間関係	学生、被験者、患者との不適切な関係	1.4
不適切な研究行為10頁目経験者		33.0

NIHの代表的研究グラント（R01）を得ている中堅研究者3600名と、NIHポスドク（私もかつてその一人だった）4160名に対して、アンケート調査を行った（有効回答3247、42%）。複雑さを避けるため、16の調査項目のうち重要10項目を分類して示す。さらに、中堅研究者とポスドクの合計値を示した

研究不正と同じように、不適切な行為についても、その頻度の把握は、研究者本人の自己申告によるほかない。前章で紹介したマーチンソンの報告は、「研究者たちの悪い振る舞い（Scientists behaving badly）」というショッキングなタイトルであった。[12] 医学生物学系の中堅研究者とポスドクに対して行った大規模なアンケート調査のうち、特に問題となる「悪い行為」一〇項目について表4-1にまとめた。

不適切な行為のなかで特に多かったのは、研究資金源の圧力により研究の方法やデザインを変えたことがあるという項目（一五・五パーセント）と、他人の研究不正や不適切行為を見逃したという経験（一二・五パーセント）であった。不適切行為一〇項目を経験している人は、三三パーセントに達する。なんと、研究者の三分の一は何らかの不適切な行為にかかわっていたのである。

ファネリは、重大な研究不正に加えて、不適切な行為についても、一八の調査論文を選んで、メタ解析を行っている。[13] それによると、最大で三三・七パーセントの人が不適切な行為を経験し、最大七二パーセントの人が周囲のそうした行為を見聞していると自己申告した。

不適切な行為を悪いと思わない人、あるいは、そういう研究室で研究をしている人たちは、やがて、ねつ造、改ざん、盗用のような重大研究不正に手を出すようになるであろう。研究不正を防止するためには、研究者たちに、不適切な行為とは何か、そのような行為をしてはいけないことを徹底して教育するほかにないであろう（第八章）。

以下、不適切な研究行為のなかから、オーサーシップ（Authorship）、出版、再現性、実験記録、利益相反、研究費管理の順で考えてみたい。最後に、不適切な行為の根底には「ずさんさ」があることを指摘する。

2　不適切なオーサーシップ

著者の資格

医学ジャーナルの編集者組織（ＩＣＭＪＥ）は、研究論文に共通する様々な論点を整理し、共通投稿規定を発表してきた。その著者の規定（二〇一五年版）には、著者の資格について次のように記されている。

①研究の構想・デザイン、データ取得・分析・解釈において、相当の貢献がある。
②論文作成または知的内容の検討において重要な役割を果たした。
③原稿を最終的に承認した。
④研究の正確性・誠実性（accuracy or integrity）についての疑問に対して適切に対応できる。

このうち、四番目の条件は、度重なる研究不正に対応するために、二〇一三年版に新たに加えられた。三番目の条件、論文の著者になることの承認も重要な項目である。投稿時には、共著者の同意のサインを提出しなければならない。同意もないのに、自分の名前の入った論文を出され、その上、自分のデータが改ざんされているのが分かれば、共著者は自分の名誉にかけて抗議するのは当然である。阪大のＡＳ（事例17）の場合もそうだった。次に述べるサリドマイドの催奇形性を明らかにしたマクブライドの場合も同じようなケースであった。

事例24　サリドマイドの催奇形性を指摘した医師の失墜[15]（オーストラリア、一九八二年）

マクブライド（William McBride）は、一九六一年一二月、つわり症状の軽減に使われていたサリドマイドが奇形を起こすことをランセット誌に報告した。彼は「オーストラリア賞」を受賞した。同じ年の一一月、ドイツではレンツ（Widukind Lenz）がサリドマイドの催奇形性を独自に突き止め、使用を差し止めた。アメリカでは食品医薬品局（ＦＤＡ）のケルシー（Frances Kelsey）が販売を認めなかったため、犠牲者は出なかった。ケルシーには「大統領賞」が贈られた。日本では、レンツの報告に科学的根拠がないとして、厚生省が販売を差し止めなかったため、三〇九人の被害者が出た（実際は一〇〇〇人を超すのではないかと言われている）。

サリドマイド事件から二一年を経た一九八二年、マクブライドは、つわりの薬スコポラミンがウサギに奇形を起こすという論文を発表した。マクブライドは、若い共同研究者の了承を得ていなかっただけでなく、彼らのデータをねつ造していた。実験ノートには、胎児には奇形がなく正常と書かれていた。二人は論文掲載誌の編集長に「論文内容は私たちの実験ノートと異なる。自分たちの名前を共著者から外してほしい」と手紙を書いたが、無視された。それどころか告発を受けた調査委員会は、マクブライドの言い逃れを受け入れ、公益通報者たちをクビにした。

一九八七年、オーストラリア放送局の医学記者がこの問題を取り上げた。一九八八年、調査委員会は、マクブライドのねつ造を認めた。患者からの訴訟により、裁判所は、マクブライドの医師免許を五年間剝奪する決定を下した。

マクブライドが、もし共同研究者の同意を求めていたら、論文にすることができず、今でもオーストラリアの英雄として尊敬を集めていたであろう。共著者の同意は、研究不正を防ぐ有効な手段である。

著者の順序

論文の著者表記は、映画やテレビドラマの出演者リストと似ている。一番初めに、主役の名が示され、中間に脇役の名前を連ね、最後に、監督の名前が出る。論文でも、筆頭著者には、研究を中心となって進め、多くの重要なデータを出した主役がなる。監督とも言うべき責任著者(次項)は、最後に名前が載ることが多い。ジャーナルによっては、著者の役割分担、たとえば、実験を企画デザインした人、実験した人、論文を書いた人を明示するよう求められることもある。

誰が筆頭著者になるか。実際に研究を進めている研究者にとっては、最大の関心事である。

筆頭著者をめぐって人間関係がこじれることがある。重要な貢献をしながら二番目以下の著者となった人について、「筆頭著者と等しい貢献をした（contributed equally）」の注意書きを脚注に書くことがある。

素粒子物理学や数学のような理論的な分野では、著者はＡＢＣ順にするのが普通である。医学生物学から見ると、責任著者の所在が分からないように思えるが、理論の分野では、すべての著者が同等に貢献し、全員が責任と権利を共有しているという考えが基本にあるのだという。

責任著者、コレスポンディング・オーサー（Corresponding author）

コレスポンディング・オーサーというと、連絡係のように聞こえるが、実際には、論文の全責任を負う著者のことである。以下、「責任著者」と記すことにする。論文の全責任を負う責任著者の責任範囲は明確に規定されている。たとえば、ネイチャー誌の投稿規定は、責任著者の責任を、論文投稿前、採択後、出版後に分けて、具体的に示している。

・**投稿前の責務**　責任著者は、論文の投稿、著者の順番について、全著者から同意をとらなければならない。

・**採択後の責務**　責任著者は、論文の校正の責任をもつ。校正の際に訂正されなかった誤りには出版社は責任をもたない。

・**出版後の責務**　責任著者のeメールアドレスを公開する。論文に関する問い合わせには、責任著者が責任をもって対処する。問題が生じたときには、全著者にそのことを伝え迅速に対処する責務がある。

論文の不正疑惑が指摘されたときに、対応するのは責任著者である。しかし、研究不正に責任著者自身が深く関わっていた場合には、不正を自らただすことはできないまま、論文を撤回できないことがある。このため、近年、著者の同意なしに、編集部の判断で論文を撤回できるようにしたジャーナルが増えてきた（第七章）。

著者の数

ノーベル賞のパロディ版であるイグ・ノーベル賞は、科学に対する風刺と皮肉、ユーモアにあふれ、毎年話題になる。一九九三年、第三回イグ・ノーベル文学賞を受賞したのは、ページ数の一〇〇倍の人数の著者がいる医学論文であった。[16]著者数九七六名は、当時としては、からかいたくなるほど、異常な著者数であった。しかし、それから二〇年以上経った今、一〇〇〇名を超すような論文が、毎年二〇〇報近く発表されている。[17]

最も著者数の多い論文は、二〇一五年五月、物理学のフィジカル・レビュー・レター

（Physical Review Letters）に発表されたヒッグス粒子の質量測定の論文[18]である。なんと三三四研究室の五一五四名の著者が名を連ねている（ギネスブックに登録されたという話は聞かないが）。三三ページの論文中、二四ページが著者名と所属のリストである。生命科学の分野で著者が一番多い研究は、二〇〇四年に日本から発表された高コレステロール症患者の治療研究である。[19]北海道から九州まで、研究に参加した医師二四五九名が論文の最後に四ページにわたって紹介されている。

著者数が多くなるのは、大規模な共同実験のためである。たくさんの患者を対象にした臨床研究、大がかりな設備を使う物理学の国際共同実験などでは、研究に携わった人が多くなり、一〇〇〇人、二〇〇〇人、さらに五〇〇〇人になるのであろう。このような研究では、著者の一人が一回引用しただけで、論文の引用回数は何千にもなる。論文引用という基準で評価するのは難しくなる。

その一方、一人だけの著者の論文もある。特に、社会科学、経済学、数学の分野に多く、研究発表のそれぞれ三八、二七、三一パーセントを占めている。[20]一人でこつこつ仕事をし、自分一人の責任で論文を発表する。科学者の原点を見る思いがする。私にも、一人だけの論文が一報だけある。フランスから帰国して、共同研究者が一人もいないとき、すべてを自分で行った研究である。私の自慢は、すべて一人でやったこの仕事が、アメリカ科学アカデミーのジャーナル（PNAS）にコメントなしで、そのまま採択されたことである。[21]

著者の数そのものが研究の不正につながるわけではないが、一人の著者の論文は、その内容をチェックする人がいないだけに、間違いが入りこむ可能性がある。一方、一〇〇〇人を超すような論文では、研究不正を行った人が紛れこんでいたとしても、見つけようがない。次に述べるギフト・オーサーのような人が入ったとしても分からないであろう。

ギフト・オーサー

贈りものとして使われるオーサーシップを、ギフト・オーサー（gift author）と呼んでいる。婉曲に、名誉オーサー（honorary author）、ゲスト著者（guest author）などと呼ぶ場合もある。

オーサーシップをギフトとして贈る方は、何らかの見返りを期待しているに違いない。その分野で著名な人の名前が入っていれば、論文審査に通りやすいかもしれない。研究に関係していなくとも、上の地位の人を著者に加えておくと、将来、人事のときに有利になるかもしれない。研究の便宜を図ってくれた人も、お礼の意味で著者にしておこう。縄張りを主張するかのように、自分から著者にするよう、圧力をかけてくる人もいる。狭い社会であれば、むげに断ることもできない。

研究に貢献していない人が著者に名を連ねるのは、「研究の誠実性」の観点からすると大いに問題である。上記の医学ジャーナル共通投稿規定にも、資金の確保、研究グループの一般的な指導的役割に携わっただけでは著者になれないことが明記されている。ギフト・オーサーは、科学研究にとって、不適切な行為の一つとみなされている。

ギフト・オーサーのイグ・ノーベル賞、謝辞のノーベル賞

研究できる施設があり、人と道具が揃い、予算があって、初めて研究ができる。施設は研究の場だけでなく、ときにはイグ・ノーベル賞と本物のノーベル賞の場となる。

事例25　イグ・ノーベル文学賞のギフト・オーサー[22]（ロシア、一九九二年）

一九九二年、モスクワの有機化合物研究所のストルチコフ（Yuri Struchkov、一九二六〜一九九五）は、一九八一年から一九九〇年までの一〇年間で九四八報の論文を発表したことにより、第二回イグ・ノーベル文学賞を受賞した。三・九日に一報ずつ論文を発表していた計算になる。この研究所を利用した人は、研究所長の名前を入れる習慣のためであったというが、施設を借りただけであれば謝辞に書くべきであった。イグ・ノーベル賞が、からかいたくなったのも無理はない。

事例26　謝辞に名前が出ただけでノーベル医学賞[23]（カナダ、一九二三年）

マクラウド（John Macleod、一八七六〜一九三五）は、夏休みの間、研究室を貸したことが、ノーベル医学賞受賞につながった。一九二〇年一一月、若い外科医のバンティング（Frederick Banting、一八九一〜一九四一）は、膵臓のホルモンを分離する簡単なアイデアをもって、トロント大学のマクラウドの研究室を訪ねた。マクラウドは、バンティングのアイデアに不安もあったが、夏休みの間実験室を使う許可を与え、実験用のイヌ一〇匹とともに、実験を手伝う学生、ベスト（Charles Best、一八九九〜一九七八）を紹介した。一九二一年夏、バンティングとベストは、マクラウドがスコットランドで休暇をとっている間に、インスリンを発見し、実際、糖尿病の患者を治した。その論文は、バンティングとベストの二人の名前で、一九二二年二月に発表された。謝辞には、マクラウドが実験室を貸してくれたことと、指導に対する感謝の言葉が綴られていた。

ノーベル賞委員会は、一九二三年のノーベル医学賞を、バンティングとともにマクラウドに授与した。マクラウドの受賞講演には、「私の指示の下に（under my direction）二人がインスリン分離に成功した」と、ごくさりげなく述べられている。バンティングは怒り、実際に一緒に研究をしたベストに賞金の半分をわたした。後にノーベル賞委員会は、ベストを受賞者に指名しなかったのは間違いと述べた。

ゴースト・オーサー（Ghost author）

資格のない人が著者になるギフト・オーサーも問題であるが、逆に、資格のある人が著者から除かれることもある。一番大きな問題は、都合の悪い人を隠すことである。本当は「企業主導」の研究であるのに、研究に参加した企業の人を著者から外し、あたかも「医師主導」の研究かのように見せかける。ノバルティス事件（事例18）では、統計処理と効果判定を担当したNSを大阪市立大学の講師として参加させた。ゴーストが別な衣装で姿を見せたのだ。しかし、化けの皮がはがれ、ゴーストとゴーストを演出した会社は刑事訴追された。

3　不適切な出版

重複出版（Duplicate publication）

同じ内容の論文を、重複して出版することが問題であることは誰にでも分かる。論文を投稿するとき、この論文の内容は他のところで出版されていないことを宣言しなければならない。重複出版の問題が、わが国で正面切って取り上げられたのは、事例42であった。東北大学総長のＡＩの論文が、物理学会の報告書に二重に発表されていたという告発を受けて、東北大学は調査検討委員会（委員長、有馬朗人）を立ち上げた。[24] 報告書は次のような問題点を指摘した。「二重投稿は、ねつ造、改ざん、盗用のような致命的な不正行為ではないが、研究コミュニティでは認められない行為である。しかし、研究分野、学協会、論文形態、時代背景によって認識や基準に差があるなど、規範が成熟せず混乱を招いている。今後、学術雑誌の投稿規定の整備、研究者の自己管理が望まれる」。

重複出版をいくつかの状況に分けて考えてみよう。

論文発表と学会発表（プロシーディング）の重複出版

研究は、英文論文としてジャーナルに発表することにより一応完結する。しかし、論文として発表する前に、学会で発表して、他の研究者と討論し、情報を交換することも重要である。若い研究者であればポスター発表により、多くの人と知り合う機会を得る。シニアの研究者であれば、シンポジウムなどで、これまでの成果をまとめて紹介する機会が与えられる。

問題は、学会発表と論文の間の重複である。論文と学会発表は明らかに目的が異なるので、原則として、重複発表は許されるべきであると思う。しかし、分野によって学会の占める重さが異なるので、注意すべきである。たとえば、情報科学のように、論文よりもプロシーディング（proceedings、学会発表論文集）を重視する研究分野では、学会発表に優先権がある。プロシーディングの投稿規定に、重複投稿の禁止が明示されている場合には、したがわねばならない。

英語の論文と母語の論文の重複出版

医学や工学のように、応用分野と密接につながっている研究分野では、最新の研究成果を現場の人に知ってもらうことも重要である。原著は英語で出すとしても、その成果を分かりやすく日本語で発表し、市民に還元することは、研究者の社会的責任でもある。このような場合は、重複出版というよりは、「並列出版（parallel publication）」あるいは「二次出版（secondary publication）」というべきかもしれない。

医学ジャーナルの共通投稿規定は、面倒くさい条件をたくさんつけているが、要するに、すでにオリジナルが出版されていることを明示し、共同研究者と新旧両編集者の了解を得ておけば問題はない。オリジナル論文のデータを使った解説書、総説のような場合は、きちんと引用しておく。

すでに母語で出した論文を、そのまま英文で発表するときは、注意しなければならない。まず確かめねばならないのは、両方のジャーナルの投稿規定である。英語のジャーナルが、他国語で出した論文の重複出版を禁じていれば、投稿できない。もし、そのことについて書いていなくても、母語ですでに出していることを開示しておいた方がよい。最も大事なことは、原著論文は最初から英語で書くことである。

サラミ出版（salami publication）

サラミソーセージの厚切りというのは、あまり聞かない。サラミ出版とは、サラミソーセージのように、薄っぺらな論文を出すことである。薄切りにすることで、論文の数は増えるかもしれないが、インパクトのないような論文をたくさん作ることになる。論文は、読み応えのある内容があって初めて、影響力をもち、引用されるようになる。大学によっては、学位論文として二報の論文を書くことを課しているところがある。大学院の短い期間に、研究を始めてすぐの大学院生が二報の論文を書くことなど至難の業である。このため、研究成果を薄く切るサラミになってしまう。

サラミは、論文執筆で疲れたときのビールのおつまみにしよう。

論文の数

論文の数を増やすために、研究不正をする例は少なくない。出版された論文をそのまま自分の名前で投稿したアルサブチ（事例5）、「小説を書くがごとく」二〇〇近い論文を書いたYF（事例19）、「なりすまし査読者」による査読の例（第六章、事例31）など。彼らは、その論文リストを手に、よい職に就き、昇進しようとしていた。

研究者はどのくらいの論文を書くのであろうか。わが国の論文数の多い三〇大学について、研究者一人あたりの論文生産量を調査したデータがある。[25] 二〇〇二年から二〇一一年までの一〇年間の研究者一人あたり論文数は、平均一〇・二報であった。研究者は、一年に一報の論文を書くことになる。一番多い大学は、東京工業大学の二一報、平均の二倍である。ちなみに、東大は一二・六報。トップグループではあるが、それほど多いわけではない。

論文数は、分野によって異なる。社会科学、人文学分野は、論文よりも自分の考えを一つにまとめたモノグラフを尊ぶ傾向がある。化学合成や材料科学の分野では、何かを作り出すたびに、短い論文を書いて、もの作りのプライオリティをとる必要がある。東北大学のＡＩ（事例42）は、二五〇〇以上の論文を書いている。

数を頼むのではなく、インパクトがあり、質のよい論文を、丁寧に書くことを心がけよう。

学位論文の公表

論文と同じように、学位論文にも不正があってはならない。ＳＴＡＰ事件（事例21）では、ＨＯの博士論文が取り消された。東大分生研事件（事例20）では、指導を受けた学生の学位が取り消された。ドイツでは、博士論文の盗用を指摘された二人の閣僚が辞任している（事例22)。

文科省は、二〇一三年四月から、学位規則を変更し、印刷公表が条件であった博士論文を、インターネットによる公表(実際には、各大学の機関リポジトリに公表)へと変えた。この規則改正により、博士論文の透明性が高まるであろう。

4　再現性のない実験

再現性とは

再現性は、実験の基礎であり、科学論文の根幹である。論文に書いてある通りに実験を行えば、誰でも同じ結果が得られる。それ故に研究は普遍性をもち、それ故に科学者は人々の信頼を得るのだ。山中伸弥のiPS細胞は、四つの遺伝子を正常細胞に導入することにより、世界中で再現された。

再現性と一口に言っても、様々なレベルがある。アメリカ細胞生物学会は、再現性問題に関する委員会を立ち上げ、報告書を提出した。その内容は、同学会の元会員である白楽ロックビルによって紹介されている[26]。再現性の検討には次の四段階がある。

- **直接的再現**(Direct replication)　オリジナル論文の実験と同じ条件、材料、方法を使って同じ結果を再現しようと試みる。

・**分析的再現**（Analytic replication）　オリジナル論文のデータから得た結果を再分析して再現しようと試みる。
・**体系的再現**（Systematic replication）　オリジナル論文とは異なる条件（たとえば異なる細胞株やマウス系統）で、オリジナル論文と同じ結果を再現しようと試みる。
・**概念的再現**（Conceptual replication）　異なる方法論を使ってオリジナル論文の概念または発見の妥当性を再現することを試みる。

普通に再現性というときには、同じ材料、方法による直接的再現を指すであろう。私も、発表されている実験系を再現しようと試みてできなかった経験がある。研究費と時間を無駄にしたという悔しい思いしか残っていない。

ねつ造論文は再現できない

当然のことであるが、ねつ造論文は再現できない。第二章の事例のなかでは、
・スペクターの実験（事例6）は、同じ研究室の誰にも再現できなかった。
・旧石器事件（事例11）では、石器を埋めた本人のみが発掘できた。
・シェーンの超伝導実験（事例12）は世界中の研究者によって追実験が行われたが、どこでも確認できなかった。

・STAP細胞（事例21）は、発表二週間後には世界中から再現できないという報告が、ネット上に次々に送られてきた。二〇ヶ月後の二〇一五年九月、ネイチャー誌は、世界トップレベルの七研究室、一三三の実験のすべてで、STAP細胞を再現できなかったと報告した。

再現できないとき、「マジックハンド」（事例6）、「神の手」（事例11）、「マジックマシン」（事例12）、「コツ」（事例21）など、神秘化され、不正が隠される。

ねつ造論文は再現できないが、逆に、再現できないのは研究不正のためというわけではない。再現性は、研究システム自身が内包する問題でもあるからだ。

科学はこうして堕落する

二〇一三年一〇月、エコノミスト誌は、「科学はこうして堕落する（"How Science Goes Wrong"）」という特集号を出した。[27] エコノミストらしく、二〇一二年だけでも総額五九〇億ドル（約六兆円）に達するOECD参加国の医学研究費が無駄になると指摘した。その背景には、アカデミアで行われた「前臨床試験（Preclinical Studies）」を、製薬企業が再現できないという報告が相次いでいたことがある。[28,29,30]

・バイエル社によると、がん、循環器、女性の健康に関する六七の社内プロジェクトのうち、発表論文と一致したのは一四のみであった。残りの八〇パーセントは発表データを確認できなかった（二〇一一年九月）。

・アムジェン社は、臨床腫瘍学の発表論文五三のうち、六論文（一一パーセント）のみが再現できたと発表した（二〇一二年三月）。

・アメリカを代表するがん病院、MDアンダーソンがんセンターがアンケート調査を行ったところ、回答者の過半数が、発表されている論文の再現を試みたが失敗した経験があると、回答した（二〇一三年五月）。

ネイチャー誌の日本語版は、「医学生物学論文の七〇パーセント以上が、再現できない！」というセンセーショナルなタイトルでこのような実情を紹介した。[31] しかし、その原題は、「NIHはキーとなる研究の確認ルール作りを熟考している（NIH mulls rules for validating key results）」であった。[31] 日本語のタイトルは、間もなく起こったSTAP細胞事件（事例21）もあり、生命科学に対する信頼を低下させることになった。現に私は、何人かの物理学者から、生命科学はほとんど再現できないのは本当ですか、という質問を受けたことがある。

NIH長官の危惧

NIHは、再現性問題を深刻にとらえ、二〇一四年、NIH長官（Francis S. Collins）と副長官（Lawrence A. Tabak）二人の名前で、ネイチャー誌に、「ＮＩＨは再現性を高める計画をしている（NIH plans to enhance reproducibility）」という論文を発表した。[32] それによると、再現性がないのは、ごく一部の例外を除いて、研究不正のためではないとした上で、次のような様々な要因が関与しており、サイエンスコミュニティ全体の問題であると述べている。

・研究者の訓練不足、実験デザイン・条件、統計処理などの不備
・結果だけを強調する研究者と編集者
・方法に十分なスペースを与えないジャーナル
・一流ジャーナルを過度に重視する傾向
・ネガティブなデータを発表したり、研究不正を指摘したりするための場が整備されていないこと
・内容よりも著者名を重視する論文査読制度

再現性は、科学システム全体が内包する問題であるという、ＮＩＨ長官、副長官の指摘は重い。

心理学研究の再現性

二〇〇八年に心理学の主要ジャーナル三誌に掲載された一〇〇報の論文について、大規模

な再現性分析が行われた。[33] 全体で三九パーセントの論文の再現が得られたという。再現性が高いのは、最初のデータの有意性が高かった研究であった。有意性を示すP値が有意性限界の〇・〇五に近い場合は、再現性も低かった。驚くような結果ほど再現性が低いという。確かに、誰が見てもはっきりしているようなデータであれば、再現性が高いというのは、納得できる。

生命科学の再現性が低い理由

七〇パーセントは大げさと思うが、生命科学の実験の再現性が低いのは事実である。生命科学では、複雑な実験条件を同じように再現するのが困難であることが、その理由の一つである。たとえば、抗体、試薬、動物、培養細胞などの基礎的な研究材料にさえ、いくつも問題がある。

・**抗体、試薬**　ネイチャー誌は、再現性の問題として抗体を取り上げた。[34] 三〇〇社から二〇〇万種の抗体が販売されている。研究者は、メーカーの仕様を信じて使っているが、抗原に対する特異性が低かったり、ロットごとのばらつきが大きかったり、使い方を変えると反応しなくなったりする。同じような特異性の問題は、阻害剤、DNA、RNAi、タンパクなど、あらゆる材料に共通して言える。[35]

・**純系マウス**　兄妹交配を二〇代以上続けたマウスは、遺伝的に均一な「純系マウス」として扱ってきた。しかし、ＳＴＡＰ細胞のゲノム分析によると、同じ純系マウスの間でもゲノムに違いがあるという。[36] 実際、一世代の間に、次の世代に受け継がれるような変異が五〇〜一〇〇も蓄積される。[37] ＮＩＨは、再現性をあげるためには、純系マウスでも、動物のランダム化などを推奨している。[38]

・**培養細胞**　がん研究を含む多くの生命科学研究は、培養細胞を用いて行われている。培養細胞、特にがん細胞は、培養条件によって容易に性質が変わってしまう。私が実験をしていた頃、実験条件を統一するために同じロットの培地用血清を買い占めるようにしていたほどである。しかし、その培養細胞が必ずしも正しい素性とは限らない。アメリカ、イギリス、ドイツ、日本の代表的な細胞バンクに保存されている細胞株を調べたところ、一八パーセントから三六パーセントが正しくない細胞であったという。[39] そのなかでも一番多いのは、一九五一年に分離されたヒラ（HeLa）細胞の混入である。増殖力の強いヒラ細胞は、実験操作中に別の細胞株の培養に混入し、置き換わってしまう。次に示すのは、試験管内発がんの実験系に、がん細胞が混入していた事例である。

事例27　がん細胞が混入していた試験管内発がん実験[40]（アメリカ、一九八八年）

一九六六年、私とほぼ同時に、正常ハムスター細胞の化学物質による試験管内発がんに成功したTK（一九三七〜一九八八）は、NIHに移ってから、ヒトの細胞を用いて化学物質による試験管内発がんに取り組んだ。一九七八年、ヒト細胞の発がんに初めて成功したTKは、単独名で論文をPNASに発表し、大きな注目を浴びた。[40]しかし、それから一〇年経った一九八八年、ミシガン州立大学のグループは、試験管内でがん化したという彼の細胞は、一九六六年に分離されたヒトのがん細胞（線維芽肉腫細胞）の混入であることをDNA解析によって証明した。[41]その論文は、若くして肺がんで倒れたTKの没後二ヶ月後に発表された。

生命科学の再現性が低いのは、研究手段が内包している問題でもあるのだが、一方、この分野の研究が、現象論に終始していることも背景にある。このことは、第五章で再び取り上げる。

再現性はすべての科学に共通する問題

二〇一四年、ネイチャー、サイエンスなどの三〇以上のジャーナル編集者は会議をもち、研究の信頼性を高めるためのガイドラインを定めた。[42]問題点を指摘し、投稿前のチェックリストを作成した。ジャーナル側も反省し、研究方法の記載のためのスペースを拡大することとした。実際、ネイチャー誌では、方法の記載欄は論文の最後にほんの少しのページが与えられているだけであった。たとえば、ウイルマットのクローン羊、ドリーの論文[43]を読んだとき、作成技術の記載があまり短いのに驚いたことがある。科学の原点に返り、再現性を高めるために、研究者とジャーナル側が協力するようになったのは、大きな前進である。

5　不適切な実験記録

適切なノート

実験ノートをつけない研究者は、帳簿をつけない銀行員のようなものである。研究者としての資格がない。STAP事件（事例21）のとき、HOの実験ノート（図2-14）が新聞紙上を賑わせた。そのあまりにも幼稚な内容に驚いた。日付も入っていないと聞き、あきれてしまった。実際にそのノートを見た研究者は、彼女は実験の意味を何も理解していないのではないかとさえ思ったという。

私が実験をしていた頃、実験ノートには、実験の通し番号をつけ、必ず実験の目的、方法、結果、考察、反省などを書いた。日付はもちろんのこと、細胞数、化合物の量、測定時間、計算式なども細かく書いていた。実験に失敗したときは、その分析をノートに書いた。そのせいか、今でも実験に失敗した夢を見ることがある。

実験ノートのなかでとりわけ重要なのは、実験条件と材料の記載である。ノートをさかのぼって調べた結果、実験条件の間違いが偉大な発見につながった例がある。二〇〇〇年にノーベル化学賞を受賞した白川英樹は、学生が試薬の濃度を一〇〇〇倍にしたために、受賞理由となったポリアセチレン・フィルムの合成に成功した。ハンター（Tony Hunter）は、pHが上昇した古い緩衝液を使ったため、がん遺伝子に特異的なチロシン残基のリン酸化を発見することができた。白川はノーベル賞受賞講演のなかで、ハンターは論文の謝辞で、幸運な失敗に感謝している。[2]

実験ノートは、研究不正の疑いを晴らすときにも、その疑いを証明するときにも、最大の証拠となる。それゆえに、大切に保管することが求められている。研究不正を疑われた研究者は、研究記録を紛失したなどと言い逃れる。データをまったく記載していなかったり（事例6）、コンピュータがいっぱいになったので削除したり[44]（事例12）、中国からの留学生が帰国の途中、資料・サンプルともに海中に落としてしまった[45]など（事例42）、その言い訳は様々である。このような弁明を聞くと、ますます疑いが深まるというものである。

特許申請資料としての実験ノート

アメリカに留学した人は、実験ノートの扱いが日本とあまりにも違うことに驚いたであろう。アメリカで実験ノートの管理が厳しい理由の一つは、アメリカの特許が、先発明主義（First-to-invent system）をとってきたからである。早く発見した者が特許を獲得するため、裁判になったとき、実験ノートが重要な証拠として採用されることになる。実験ノートは、重要な財産でもあるのだ。二〇一三年以降、アメリカも他国と同じように、先に申請した特許が承認される先願主義に近づけた制度（First-inventor-to-file system）となったが、実験ノートの管理が厳しいのには変わりない。

6　利益相反

「利益相反」を「利害関係」と単純に理解している人が多いが、それでは「利益相反」が一方的に悪いことになってしまう。そのように誤解されてしまうのは、「利益」と「相反」という言葉にあるのではなかろうか。この二つを「立場」と「並存」に置き換えると、「利益相反」がよく理解できるであろう。多かれ少なかれ、誰でもいくつかの立場をもっている。ときには、その立場が互いに相容れないような緊張関係にあることがある。そのような状況のとき、「利益相反」と呼んでいる。すなわち、その本質は、個人（あるいは組織）の置かれている一つの状況であって、善悪とは基本的に関係がないのだ。

分かりやすい例を挙げよう。大学病院の医師が、製薬企業から寄付金を受けていたとする。

医師には、公益に貢献するという医師としての社会的な責務と、製薬企業のために何らかの貢献が期待されている立場が並存していることになる。もし、企業からの財政的支援を隠して、公的な立場で製薬企業の研究をすれば、利益相反の問題となる。製薬企業の講演会をたびたび引き受け、本来の大学の仕事である教育と研究がおざなりになるようなときも、「利益相反」と指摘されても仕方がないだろう（第五章）。

誤解のないように強調しておかねばならないのは、「利益相反」そのものが悪いわけではないことである。製薬企業との共同研究が悪いわけでもない。それがなければ、よい薬を世の中に出せない。大学人が、社会に貢献しようとすれば、多かれ少なかれ「利益相反」状況になる。「利益相反」を頭から悪いこととしたら、「象牙の塔」に閉じこもった古き良き時代の大学に逆戻りしてしまう。

どうすればよいか。まず、「相反」するような関係にあることを公に宣言しなければならない。その上で、寄付金があればその額と使用目的、製薬企業からの労務の提供などを透明化しなければならない。大学も企業も、外からの問題指摘に対して、隠すことなく説明する責任をもっているのだ。

奨学寄付金

ノバルティス社から五大学にわたった総計一一億円あまりの寄付金は、「奨学寄付金」であった（表2-1）。しかし、この額に驚いてはいけない。武田薬品工業と京都大学医学部の間で行われた降圧剤ブロプレス（ディオバンの競合薬剤）の臨床研究において、京都大学が受け取った奨学寄付金は二〇〇〇年から二〇〇四年の五年間で二〇億円にのぼった[46]（症例検討に必要な経費は含まない）。

奨学寄付金はあくまでも大学に対する寄付金であり、研究者個人に対する寄付ではない。しかし、実際には、研究に参加した教授の研究費となる。もちろん、公金に組みこまれているので、大学のルールにしたがって使わねばならない。

ノバルティス事件は、本質的に「企業主導型研究」であった。とすれば、はっきりと契約を締結し、患者一人の検査にかかる費用を積算し、その費用を大学にわたせばよかった。しかし、ノバルティスとは関係ない「医師主導型研究」とするため、奨学寄付金でお金をわたしたのではなかろうか。契約を結ばずに、年間二〇〇〇万円を超えるような大金を寄付すれば、スイスの本社から賄賂とみなされても仕方がないであろう。

利益相反を開示したとしても、社会から許容される「相反」の範囲を定量的に、たとえば、奨学寄付金の金額で示すことは難しい。研究の内容と規模など様々な要因によって異なってくる。第三者を交えて、良識的なガイドラインを設けるほかにないであろう。

7　研究費の申請と使用

大学の予算が減少していくなかで、外部資金を獲得しなければ、研究が行えないような状況になってきた。わが国では、文科省、厚労省、経産省、農水省、内閣府などの公的機関が、研究費を助成している。そのうちでも、最大の研究費助成機関（funding agency）は、年二三〇〇億円を超える日本学術振興会（学振、ＪＳＰＳ）の科学研究費補助金（科研費）である。科研費が研究者の自由な発想に基づいて研究を助成しているのに対し、同じ文科省系の科学技術振興機構（ＪＳＴ）は、戦略的な研究費配分を行っている。その他の省庁の研究費には、目的指向型の研究費配分が多い。

研究費申請のための注意は、すでに前著『知的文章とプレゼンテーション』[10]（中公新書、二〇一一年）に詳しく書いた。「誠実な申請」という観点からは、少なくとも、次のような注意を払う必要がある。

- 申請データに不正があってはならない。
- 申請書に、他の申請書あるいは研究報告からの盗用（コピペ）があってはならない。
- 研究分担者に、ギフト分担者が入っていてはならない。

・同じ内容の申請を別の申請者名で出す二重申請をしてはならない。

不適切な研究費使用

研究者は、研究費に関して、次の四つの原則を忘れてはならない。
・公的研究費は、国民の税金である。
・公的研究費は、研究者個人のお金ではない。所属する機関のお金である。
・公的研究費の使用は、助成機関および所属機関のルールにしたがわねばならない。
・公的研究費は、研究目的以外に使用してはならない。

奨学寄付金は、一度大学に納められた公的研究費であるので、大学の定めるルールにしたがわねばならない。私的に寄付された研究費に関しても、同様の取り扱いをすべきである。

これらの原則を無視して、不正に研究費を使用した場合は、処分の対象となる。不正の判断となる基準として、文科省、学振、ＪＳＴ、厚労省などの助成機関がそれぞれに定めているルールがあり、その上で各研究機関もルールを定めている。不明のときは、必ず、所属機関に問い合わせる。昔は大丈夫だったから、あるいは研究のために使うのであれば何でも許されるはずなどという、勝手な思い込みが一番危ない。

不適正な研究費使用に関する処分には、次のような内容が含まれている。

・研究費の返還命令
・競争的資金への参加資格制限
・関与業者の取引停止

さらに、研究費を個人的に使用したことが判明すると、刑事事件となり警察の捜査が入る。

架空発注による預け金

研究費の不正使用で、一番多いのは、業者への預け金である。残った研究費（あるいは残した研究費）を業者に預けて、研究費の支援期間を超えて使用できるようにする。研究者から見れば、翌年の研究費がなくなったときへの不安が解消されるし、業者の方にとっても、先に代金が入ってくるのだから、こんなよいことはない。

預け金は、研究者と業者の間の密室の約束なので、誰も気がつくはずがないと思うかもしれない。しかし、業者への税務調査から発見されることが多い。税務署が入り、帳簿を詳細に調査すれば、物品の納入がないのに入金しているので容易に発見できる。その結果は、文科省あるいは助成機関に通知され、調査が入ることになる。

預け金問題の背景には、単年度会計制がある。この制度のもとでは、予算はその年度内に使い切らなければならず、繰り越しはできない。この問題を解決すべく、科研費の一部は基金化され、助成期間内であれば、簡単な申請により翌年にもち越すこともできるし、必要であれば、翌年の予算を繰り上げて使用することもできるようになった。学振は、基金化をすべての科研費に拡大するように努力している。

架空人件費、架空旅費

架空人件費を請求して、そのお金を貯めて、他の目的に使うのもよく聞く不適切な使用例である。たとえば、学生をアルバイトとして雇ったことにして、その代金を研究室でプールする。たとえ、プールしたお金を、大学院生の学会出張旅費に使ったとしても、架空人件費ということには変わりがなく、不適切使用となる。

架空出張の旅費をプールするというのも、不正会計の古典的な手法である。大学の公用で出張したときに、別の用件も同時に済ませ、その分の出張旅費を二重で受け取るのも、不適切な研究費使用である。

不適切な取引を防止するために

一九八〇年代くらいまでは、研究室に業者が御用聞きにきて、学生から勝手に注文をとって、直接届けてくることが多かった。このような自由な雰囲気は、当事者にとって居心地がよかったが、今から考えれば、不適切な取引となりかねない。担当者を置いて、きちんとした体制で発注しなければならない。今は、どこの大学でも、業者からの購入物は、検収窓口を通して受け取ることになっている。しかし、あまり細かく規定すると、仕事が増えて本来の業務に支障が出るのも事実である。

8　ずさんな人

不適切な行為の背景には、「ずさん」な行動、性格があるのではなかろうか。考え方、物事への対処の仕方が、いい加減で、ぞんざいである。実験をさせれば、間違いが多く、その上、間違っても気にしない。責任感がなく、注意力、集中力に欠けるため、仕事の完成度が低い。論文を書けば、論理展開に矛盾があっても気にせず、論文の引用もいい加減である。時とすると、勝手にデータに手を加えてしまう。

責任をもって仕事をするのは、社会人、職業人として当然のことである。一人の職業人として、高度な知的作業を行うプロとして、科学者には、責任感をもって研究をしてもらいたいと思う。科学者には、「ずさん」という言葉が一番似合わない。

第五章　なぜ、不正をするのか

人間は、悪事をおこなうための道具を目にすると、
つい悪事をおこないたくなるものだ！
シェークスピア『ジョン王』第四幕第二場（小田島雄志訳）

なぜ、研究不正は、性懲りもなくくり返されるのであろうか。その背景を分析すれば、予防策が見えてくるであろう。ここでは、これまでに紹介した研究不正を別な観点で見直してみることにする。

1　不正への誘惑

ストーリーの誘惑

実験をするときには、仮説を立てて、それを証明する方法を考える。とりあえず、作業に役に立つような仮説、「作業仮説（Working hypothesis）」のもとに、実験し、調査する。作業

仮説は、自然あるいは社会を理解するために、自分の頭のなかで組み立てた「ストーリー」といってもよいだろう。

問題は、自分の立てたストーリーにこだわり過ぎることである。ストーリーに合わないデータが出たとしよう。本当は、間違いを知らせる重要なヒントであったのに、自分の考えに合わせて強引に進んでしまい、大きく間違えてしまう。研究不正を調べていると、ストーリーに合わせるために、改ざん、ねつ造した例が非常に多いのに気がつく。

東大分生研のSK（事例20）の場合がそうだった。彼の研究室では、データを「仮置き」するという独特の習慣があった。このようなデータが出るはずだという予想のもとに、たとえば電気泳動の画像を「仮置き」する。それに合うようなデータを出すことを、大学院生たちに強要したことにより、ねつ造が起きた。スペクター（事例6）は、リン酸化によるシグナル伝達という魅力的な仮説を立て、それに合わせるために、タンパクがリン酸化したようにごまかした。

このようなシナリオ重視のでっち上げは、科学の世界の話だけではない。恐ろしいことに、警察や検察による取り調べでもある。厚労省の村木厚子もその被害者の一人であった。

事例28　ストーリーをでっち上げた大阪地検特捜部（日本、二〇一〇年）

障害者団体を名乗りダイレクトメールを格安で発送していた事件で、大阪地検特捜部は、厚労省の課長が団体の認定に関わったというストーリーのもとに、当時課長であった村木厚子を逮捕した。特捜部の前田恒彦主任検事は、捜査に合わせるために、押収したディスクの更新日時を改ざんした。前田は証拠隠滅罪で懲役刑の判決を受けた。彼の上司の特捜部長と副部長も改ざんを知りながら、犯人を隠匿したという罪で有罪判決を受けた。

最高検察庁の検証報告によると、前田恒彦は、特捜部長から「政治家は無理でも、せめて局長までは立件を」「これが君の使命だ」と求められたという。立件に消極的な意見を述べると、「特捜から出ていってもらう」と叱責した。しかし、これに対して、名前を挙げられた特捜部長らは、「最高検の描いたストーリー」と批判している（ウィキペディアによる）。

いずれにしても、検察には、ストーリーが横行しているようだ。こんな恐ろしい話はない。

お化粧の誘惑

数学者の岡潔（おかきよし）（一九〇一〜一九七八）は、美しいものに感動する「情緒」が数学にとって大事であると説いた。「山路きてなにやらゆかしすみれ草」という芭蕉の句がある。山道にひっそりと咲いているすみれ。それを美しいと感じ、感動するような心が、精緻な論理の積み重ねでできている数学にも必要だというのだ。[47]

研究をしている人は、誰でも、きれいな実験をしたいと願っている。疑いようのない、完璧な実験で、自分の考えを見事に証明できればと思っている。しかし、実際には、回りくどい証明になったり、間接的なデータしか集まらないことが多い。美しいデータを求めるのは、科学者であるからには、当然の願いである。しかし、それは時に改ざんへの誘惑ともなりうる。データをきれいに見せるために、ほんの少しお化粧をする、邪魔をしているバンドを消してしまう、矛盾するデータを隠しておく、そのような気持ちが、改ざんする人の心の奥にあるのではなかろうか。しかし、改ざんしたために、論文を撤回する羽目になったら、最もみにくい結果になる。

最初は数値がばらついていても、だんだんきれいになってくることが多い。山のようなデータをすべて隠さずに出したのでは、読む人を混乱させるだけだし、その前に査読で落とされてしまう。たくさんのデータのなかから、きれいなデータを選ぶのは、当然の行為である。しかし、そのときには、きれいなデータを選んだ理由がはっきりしていなければならない。実験条件を変えた結果データが揃ってきた、機械の精度が上がった、新しい報告から説明できるヒントが得られた、などなど。理論的に、整合性をもって説明ができれば、データを選んでもよいはずである。都合がよいデータだけを、説得力ある説明なしに選んだのでは、改ざんになってしまう。

競争に勝つ誘惑

自然科学の世界は、競争社会である。スポーツ選手と同じように、最先端を走る研究者は、すべて、一位優勝を目指している。一〇〇分の一秒でも速く泳いだ選手に金メダルが与えられ、一日でも早く発見した研究者が栄誉を手にする。民主党の蓮舫議員が言ったように、「二番」でもよいというわけにはいかないのだ。厳しい競争社会ゆえに、ドーピングに手を出すスポーツ選手がいるように、科学者のなかにも研究不正に走る人間が出てくる。

競争に勝つためには、よい研究をしなければならない。よい研究かどうかは、論文が掲載されたジャーナルから判断できると人々は信じている。よいジャーナルかどうかは論文の引用が指標になる。よい研究であれば、他の研究者が注目し引用するからである。かくして、引用数によって、ジャーナルごとにインパクト・ファクターなる指数が計算され、格づけに利用される。個々の論文の引用数も調べられている。さらに一人一人の格づけとして、引用数と論文数を同時に示す「h-インデックス」がある。h-インデックス五〇は、引用回数五〇以上の論文が五〇あるという意味である。科学者が数字を得意とするからと言っても、すべてが数字になり、それによって評価が決まるとなれば、ストレスとなるのは確かである。

言うまでもないことだが、競争自体は悪いことではない。社会のなかで、競争は進歩の原動力として働いている。問題は、そのために手段を選ばず、不正をすることである。

ネイチャー、サイエンスの誘惑

インパクト・ファクターの高いジャーナルに発表論文があれば、有利であるのは確かである。ネイチャー、サイエンスクラスのジャーナルに発表できれば、研究費は保証されたようなものである。東大分生研のSK（事例20）は、調査報告書が指摘しているように、「国際的に著名な学術雑誌への論文掲載を過度に重視」し、不正を続けた。シェーン（事例12）は、ネイチャーとサイエンスに二年間で一六報もの不正論文を発表した。研究者たちは、まるでネイチャー、サイエンスの魔力に引きつけられたかのように、不正に手を出してしまう。

ネイチャー、サイエンスなどの超一流ジャーナルには、一流の論文が載っていることは確かだが、同時に、疑わしい論文も少なくない。図5-1に示すように、ジャーナルのレベルを示すインパクト・ファクターと、論文撤回率をグラフ化すると、きれいな直線を引くことができる。[48] ネイチャー誌は、インパクトが高いが、撤回も多いジャーナルである。

NHK記者の村松秀は、シェーン事件について、ネイチャーとサイエンスの編集部にインタビューを行っている。[44] サイエンスの編集長は、シェーンのねつ造を見抜けなかったことに、「バツの悪い思い」をしているが、「論文の審査システムが、不正行為を見抜くことを保証すると約束したことは一度もない」と述べた。確かに、性善説に基づいて行われる審査では、不正を見抜くことは難しい。しかし、シェーンの論文については、何人かの審査員からおかしいという忠告が寄せられていたが、編集部はそれを取り上げなかったことも分かっている。

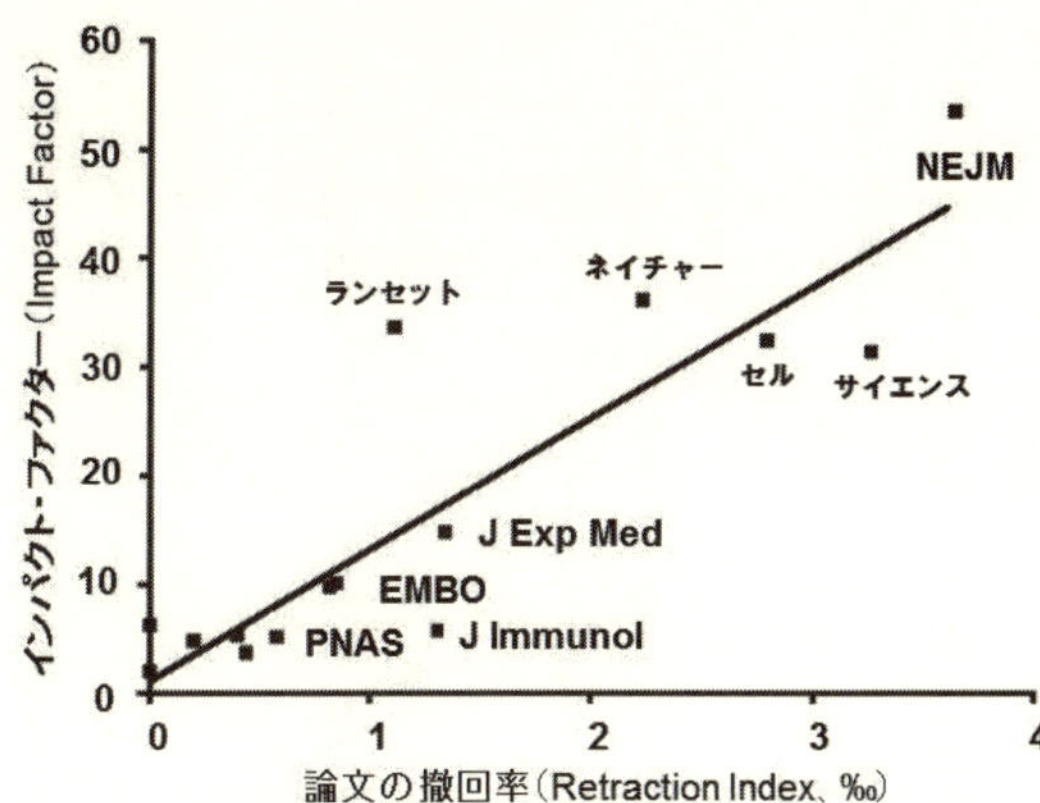

図5－1　一流研究誌のインパクト・ファクターと論文撤回率（‰，論文1000あたりの数）の相関[48]。同じ様な傾向は、300以上のジャーナルについての調査からも確認されている[49]

二〇一三年にノーベル医学賞を受賞したカリフォルニア大学のシェクマン（Randy Schekman）は、イギリスの新聞、ガーディアン紙に、「ネイチャー、セル、サイエンスはいかに科学をダメにしているか」という原稿を寄稿した[50]。彼は、これらのジャーナルに論文を掲載し、それによってノーベル賞を受賞し、翌日授賞式に出るのだが、今後は、もうこの三誌には論文を載せない、と宣言した。これらのブランド・ジャーナルの編集者は、真の科学というよりは、目を引くような論文を載せたがる。そのため、撤回論文も多い。論文の掲載スペースを意識して制限しているのは、まるで、限定版ハンドバッグを作り、価値を高めようとするファッション・デザイナーのようなものだという。

しかし、シェクマンは、これらのジャーナルに発表した論文でノーベル賞を受賞したのである。利用した後で、もう使わないと言っても説得力がない。さらに、彼が、eLifeというネット公開ジャーナル（第六章）の編集に関わっている点も、割り引いて考えなければならない。とはいうものの、シェクマンの主張が的を射ているのは確かだ。

シェーン事件とSTAP事件は、名声を利用しようとした著者と話題性を重視したネイチャー、サイエンス誌が、お互いを利用し合った一つの帰結であった。ジャーナル側にも反省すべき点は多い。

研究資金の誘惑

研究には資金が必要である。研究に用いる精密機器は、数千万円以上するものも珍しくない。物理学の大型施設となれば、百億円の規模になることがある。バイオの場合は、機器よりも消耗品にお金がかかる。たとえば、iPS細胞を培養するための培地は、五〇〇ccで三万五〇〇〇円もする。ワインに直すと一本五万円である。[3] 加えて、人件費などの費用も必要となる。

大学、研究所というと、最先端の研究室が並んでいると、人々は思うであろう。しかし、現実には、何十人の研究員を抱え、設備の整った大研究室もあれば、店長一人といった零細店舗もある。東大のような大きな大学には、大都会のショッピングモールのようにきれいに飾った大きな店が多いが、地方大学は、地方都市の商店街のようだ。きらりと光る個性ある店舗があるものの、なかにはシャッターを閉じたような店もある。格差は、いたるところで広がりつつあるのだ。格差の最大の要因は資金の差である。

大学の経営はますます苦しくなってきている。国立大学の運営費交付金は、法人化以来一〇年間で一〇パーセントも減額された。一方、電気代が二五パーセント以上上昇し、消費税が上がり、円安のため輸入品の値段が上がっている。今、大学は電子書籍代も払えないほど追い詰められている。

研究をしようと思えば、研究費に応募しなければならない。公的研究資金は、文科省、厚労省、経産省、農水省、内閣府などから出ているが、そのなかでも、最も重要かつ基本的な資金は、文科省の科研費である。科研費の採択率は、三〇パーセント以下。大型研究費となれば、採択率は一〇パーセントに届かない。私が現役の一九九〇年代までは、二〇〇〇万円くらいが最高額であったが、今は億を超す研究費も珍しくない。大物教授たちは、億を超す研究費を取らねばという「億病」に罹っている。

外部資金獲得競争に勝たなければ研究ができないとなれば、そこに研究不正の生まれる素地ができてくる。一方、何億というような高額の研究費の獲得に成功すれば、それが逆に圧力となる。申請書で約束した成果を出さないと、研究費は途中で打ち切られるかもしれない。教授は、大学院生に早くデータを出せと圧力をかける。圧力はストレスになり、ストレスは増幅し、判断の過ちを招く。

研究不正は、論文の問題と思われがちであるが、実は、研究費申請や、奨学金の申請書類にも見られる。発表論文の虚偽記載、アイデアの盗用、二重申請、研究成果の不正などの「不適切な行為」は、研究費獲得の際にも許されることではない。第二章で紹介した不正事例の半分が、二〇〇〇年以降に起きているのも、このような背景と無縁ではない。

出世の誘惑

企業戦士と同じように、研究者も、競争とヒエラルキーの世界で生きている。大学院生、ポスドク、任期付き教員という不安定な身分を経て、准教授、教授となる。准教授、教授になれば、自分のアイデアで研究ができるようになる。研究環境も重要である。有名大学、設備の整った研究施設、刺激的な研究環境、できる学生がいるような大学で研究したいと思うのは当然である。研究者たちは、よりよい地位と、よりよい環境を目指して、そして学会長のような社会的な地位を目指して、競争を続ける。

しかし、現在では、教授になっても任期が定められ、業績が出なければ辞めさせられてしまう。そのような不安定な身分が一つの圧力となり、研究不正の背景になりかねない。

出世のためのパスポートが、論文リストということになれば、ごまかしてでも出世を考える人が出てくる。アルサブチ（事例5）は、他人の論文をコピーして自分の論文リストをでっち上げた。YF（事例19）は、まるで小説を書くように、論文をねつ造しては、教授公募に応募し、学会賞を得ようとした。二人の研究不正は、ばかばかしいくらい単純、見え見えであるが、不正を働いた当人は、何も見えなくなってしまうのであろう。

2　ボトムアップ型

研究不正の事例を見てくると、若い研究者がデータをねつ造するようなケースと、研究室のボスが研究不正に積極的に関わる場合があることに気がつく。前者を「ボトムアップ型研究不正」、後者を「トップダウン型研究不正」と呼ぶことにしよう。それぞれには、それぞれの特徴があり、その分析は、研究不正を防ぐ上でも重要なヒントを与えてくれる。最初に、「ボトムアップ型研究不正」から見ていくことにしよう。

表5－1　スペクター、シェーン、HOによる研究不正の比較

	スペクター（事例6）	シェーン（事例12）	HO（事例21）
不正発覚年	1981	2002	2014
発見時の年齢	24	29	30
研究テーマ	リン酸化カスケード	超伝導	幹細胞
研究所	コーネル大学	ベル研究所	理　研
指導者／責任者	ラッカー	バトログ	笹井芳樹
発表誌	セル、サイエンス	ネイチャー　7報 サイエンス　9報	ネイチャー　2報
追試の結果	追試できない	追試できない	追試できない
追試不可の理由	マジックハンド	マジックマシン	コ　ツ
実験ノート	データ記載なし	データ削除	不十分
発覚のきっかけ	アイソトープ	画像（ノイズの一致）	既発表画像
発覚までの期間	18ヶ月	2年間	2週間
処　分	研究室追放	学会から去る	懲戒解雇相当
学位処分	学位申請拒否	学位取り消し	学位取り消し
指導者のその後	コーネル大学教授	スイス連邦工科大（ETH）教授	自　殺

ボトムアップ型研究不正の典型は、

- コーネル大学のリン酸化カスケードモデル（事例6）
- ハーバード大学不正事件（事例7）
- ベル研究所の高温超伝導実験（事例12）
- 阪大の存在しなかった遺伝子操作動物（事例15）
- 理研のSTAP細胞（事例21）

などである。

そのなかから、リン酸化カスケード（スペクター）、超伝

導（シェーン）、STAP細胞（HO）の三つの事例を表5-1にまとめた。
この表を見ていると、いくつかの共通した項目があるのに気がつく。
・三人とも、二〇歳代から三〇歳前後の若い研究者である。スペクターは学位（博士）をもっていないが、シェーンとHOは学位（博士）を取ったばかりであった。
・ねつ造研究は、すべて超名門大学・研究所で行われている。コーネル大学は、アメリカのアイビーリーグの名門、ベル研究所、理研はそれぞれ、アメリカと日本を代表する研究所である。彼ら／彼女は、野心に燃えて、超一流の研究室にやってきた。
・研究の指導者は、その世界におけるトップの研究者である。指導者にも、次のステップを狙う野心があった。ラッカーとバトログは、ノーベル賞を確実にしようと思っていたであろう。笹井芳樹は、山中伸弥のiPS細胞を超える幹細胞を作ろうと考えていたのは間違いない。そして、彼ら／彼女は、ボスの野心を知っていた。その野心をかなえるようなデータを次々に出してボスの信用を得ていった。
・彼ら／彼女の発表は、非常にインパクトのある内容であったので、世界中で追試が行われたが、誰一人追試できたものはいなかった。
・追試できないのは、マジックハンド、マジックマシン、実験の「コツ」などのためと言い逃れた。

・いずれも、実験ノート、コンピュータ記録などが存在しなかったか、不十分であった。
・発覚のきっかけは、画像の改ざん、ねつ造であった。スペクターがリンでラベルしたというリン酸化タンパクが実はヨードでラベルした別のタンパクであった。シェーンのねつ造は、グラフのノイズから発見された（図2-11）。HOの場合、STAP細胞による奇形腫の組織像が、彼女の博士論文の再掲載であることがきっかけであった。
・すべての例で、研究結果はまったくのねつ造であった。スペクターのリン酸タンパクは、リンではなく、ヨードでラベルされていた。シェーンの超伝導は空想の産物であった。HOのSTAP細胞は、既存のES細胞を混入させたものであった。
・ねつ造発覚後、彼ら／彼女は、研究の世界から消えていった。
・しかし、指導者たちのその後の身の処し方は、それぞれで大きく違っていた。スペクターの指導者のラッカーは、自らを反省し、事件の分析を行った（後述）。シェーンのボスのバトログは、自分は指導者ではなく、共同研究者であったので、責任はないと主張し、伝統あるスイス連邦工科大学（ETH）の教授として居座った。[44] 笹井は、最後までSTAP細胞を信じていると言い続け、自ら命を絶った。

若くて優秀、しかしどこか狂っている

ラッカーは証言する。[51] スペクターは、一見、非の打ち所のない青年であった。実験は、まるでベートーベンのピアノ演奏のように見事であった。その上、ハードワーカーであった。彼のプレゼンテーションは多くの人を魅了した。彼は、ラッカーがどのようなデータを欲しているかを察知し、そして、そのようなデータを提示しては、ボスの信用を得ていった。シェーンについても、ボスのバトログは、「非常に頭がよく、科学システムを熟知し、物事の覚えがきわめて早かった」と述べている。[44]

しかし、スペクターは感情的にも精神的にも病んでいたとラッカーは言う。ねつ造しても、罪の意識はなかったが、いつか露見することを無意識のうちに望んでいたのではないかと思われた。スペクターのような性格は、ねつ造をする若い研究者に共通しているように思える。彼らは、みんな頭がよい。学問の世界が今どこまで明らかになっていて、次にどのようなデータがあれば、さらに大きく一歩進めるかを理解している。そのことをきちんと分かっていなければ、ねつ造しても相手にしてもらえない。彼らは、指導者であるボスが、どんなデータをほしがっているかを知っている。それに合わせてデータを作り、さらに信用を得ることになる。

スペクターを追放したとき、ラッカーは、厳し過ぎるのではないか、そんなに優秀であれば、二回目のチャンスを与えるべきではないかと言われたという。しかし、ラッカーは、どんなに優秀であっても、彼は病んでおり、その病を治すことはできない、と言った。

異次元の研究不正

研究不正のなかには、詐欺としか思えないような異次元の不正がある。

・マウスの背中をフェルトペンで塗ったサマリン（事例4）
・他人の論文を盗んでは、自分の名前に変えて投稿したアルサブチ（事例5）
・自分で埋めた石器を自分で発掘したSF（事例11）
・まったく行っていない研究を、小説を書くがごとくねつ造した麻酔科医（事例19）
・ありもしない手術を自分の手柄にして新聞社に売りこんだHM（第六章、事例32）
・ウサギの血清に既知のHIV抗体を混ぜていたハン（第七章、事例40）

このような事例は、「研究」不正という名前で呼ぶのも恥ずかしいような行為である。これらの事例を分析しても、将来に役立つような教訓は得られない。科学の名前を借りたペテン師にだまされないように注意するだけである。

指導者の責任のとり方

ながらく研究室の責任者として研究を指導していた一人として、ねつ造事件の責任者の心中は察するにあまりある。なぜ見抜けなかったのかと反省する一方で、これまで築き上げてきた経歴があっという間に崩壊していく恐怖におののくであろう。自分に責任はないと開き直る人もいるし、ただひたすら騒ぎが収まるのを待つ人もいる。深く反省し、研究不正に対して積極的に行動する人もいる。

多くの指導者が研究不正について触れたがらないのに対し、ラッカーは、スペクターの起こした不正について深く反省し、その経験を文章に記している。事件の二年後の一九八三年、サイエンス誌に発表された一ページの「レター」には、事件以来、三つの疑問が彼を苦しめてきたことが記されている。[52] 論文のどこの部分が正しかったのか。なぜそのようなことが起こったのか。どうして防げなかったのか。ラッカーは自問自答をくり返してきた。しかし、彼自身の指導に問題はなかったとラッカーは言う。発見した現象の重大性から、彼自身も並行して実験を行い、結果を確認したはずだった。しかし、ラッカーにわたしたサンプルにも、追試を行った同僚のサンプルにも、スペクターは密かに仕掛けを加えていたのであった。

一九八九年、ラッカーは、冷静に事件を振り返り、研究不正を行った研究者、指導者、大学と資金助成機関そして政府と国会に対してコメントを残した。[51] その二年後、ラッカーは脳梗塞により死亡した。バトログも、シェーン事件の反省から、研究倫理についての講義を行い、研究不正防止のガイドラインを作成し、パンフレットを出版するなど、積極的に行動している。それは、彼ら自身が自らに課した責務であった[44]。

ボトムアップ型研究不正の指導者たちは、もともと優れた研究者であった。しかし、残念なことに、ラッカーにしても、バトログにしても、笹井にしても、彼らは、一生をかけた業績よりも、研究不正事件の指導者として長く記憶されることになる。本人にとってこれほど残酷な仕打ちはないであろう。

3　トップダウン型

ボトムアップ型とは逆に、研究室の主任研究者が研究不正を働き、下の者を巻きこんでいくような事例もある。「トップダウン型」には、たとえば、次のような事例がある。

- 黄禹錫によるヒト核移植ES細胞の樹立（事例14）
- 阪大ASによるDNA複製実験（事例17）
- 東大分生研SKによる核内受容体研究（事例20）

SKによる一連の研究不正は、トップダウン型の典型である。教授を中心に、研究室の准教授、講師が一緒になって、研究不正を大学院生らに強要した。研究不正が長期化、大規模化し、撤回論文数はワースト七位にランクされた（表7-1）。この事例は、研究不正を防ぐためには、どのような研究室運営をしなければならないかを考える上で重要な情報を提供した。第八章で、そのことを考えてみたい。

4　不正をする人の心理

研究不正をするとき、彼ら／彼女らはどのような心理状態であろうか。後ろめたいと思いながら、隠れて不正をしたのであろうか。不正者が自らを語った記録がある。

事例29　研究不正者の心理を書いた社会心理学者[53、54]（オランダ、二〇一一年）

スターペル（Diederik Stapel）は、オランダの有名な社会心理学者であった。「肉食系は菜食主義者よりも自己中心的である」というような彼の研究を聞くと、自分の周りの誰かを思い浮かべ、納得したり反発したりする。スターペルの研究が、オランダの人々の間で話題になったのも不思議ではない。しかし、彼は、別な話題でうわさされるようになった。

二〇一一年、スターペルが四四歳のとき、三人の若い研究者がスターペルの所属するティルブルフ大学の副学長に、彼の研究にはねつ造があると訴えてきた。スターペルを呼んで問いただすと、あっさりとねつ造を認めた。調査委員会は、彼が長年にわたってねつ造をくり返していたことを明らかにした。

スターペルは職を失い、学位を返上した。彼の研究室で学位を取るべく研究をしていた大

図５－２　スターペル

学院生たちもまた、学位が取れなくなった。スターペルの撤回論文は五五報を数え、リトラクション・ウォッチのワースト四位にランクされている（表7－1）。

二〇一二年の暮れ、スターペルは、研究不正を告白する本[53]を出版した（タイトルは「脱線」を意味するオランダ語、英語版はネットで読むことができる）。研究不正をした人は、相当な数にのぼるが、スターペルのように、ねつ造の様子とそのときの心境を本として残す人はいない。

なぜ、彼は自分をさらけ出してまで、記録を残そうとしたのであろうか。彼によれば、悪い経験を書くことは、それからの脱却になる、というのだ。その点、スターペルは心理学者として筋が通っている。ただ、気がつくのが遅かっただけである。

以下、白楽ロックビルのブログ[54]から引用する。

最初は、データの見かけをよくするようなほんの小さな「お化粧」から始まった。

私（スターペル）はフローニンゲン大学の優雅なオフィスに一人いる。研究データを入力したファイルを開く。そのデータの予想外だった数値である「2」を「4」に変えた。

ヒョッとしてと思い、念のため、オフィスのドアを見たが、閉まっていて誰にも見つからなかった。データのたくさんの数値が並んだマトリックスを統計分析ソフトにかけるために、マウスをカチッと鳴らした。私が変更した新しい結果を見た時、世界は論理的状態に戻った。

しかし、データ改ざんはだんだんエスカレートしていく。とうとう、論文のほぼ全部のデータをねつ造するまでにいたった。

私は、誰もが眠っている夜遅く、自宅でそれをすることを好んだ。自分で自分用のお茶をたて、コンピュータをテーブルに置き、私の研究ノートをバッグから取り出し、万年筆で、研究プロジェクトのまだ真っ白な数値表に数値を記入していく。ここで、私は「効果」を意識的に組み込む必要があった。まず、私自身が想像したデータを3、4、6、7、8、4、5、3、5、6、7、8、5、4、3、3、2などと行から行へと記入した。数値を記入して、最初の分析をする。しばしば、この分析は自分の望む結果にならない。データを記入した行に戻り、4、6、7、5、4、7、8、2、4、4、6、5、6、7、8、5、4と数値を変更する。この数値記入と変更を、計画したすべての分析がうまくいくまで、繰り返した。

どうしてこのような大胆な改ざん、ねつ造が知られることもなく、スタ―ペルは地位を築いていったのであろうか。

今まで誰も私の研究過程をチェックしたことがない。彼らは、私を信頼し、私は、すべてのデータを自分自身で作った。あたかも、私の隣にクッキーが入った大きなジャーがあり、母はいない、鍵は掛かっていない、ジャーには蓋もない状況だった。手を伸ばせばすぐ届く範囲に、甘いお菓子が一杯に詰まったクッキーの大きなジャーがあった。その場所で私は毎日、研究をしていた。クッキーの大きなジャーの近くには誰もいなかったし、監視もチェックもされなかった。私がする必要なことのすべては、手を伸ばしてクッキーを取るだけだった。

彼は、研究不正にいたる心理を、心理学者らしく、冷静に分析している。

高評価の必要、野心、怠惰、ニヒリズム、権力への欲求、ステータスを失う心配、問題を解決したい欲望、一貫性、出版プレッシャー、傲慢、情緒的孤立、寂しさ、失望、ADD（注意力欠如障害）、解答中毒……

心理学会会報の書評によると、妻の横で目覚めたシーンを描く最後の章は、詩的で、素晴らしくよく書かれている。しかし、その部分は、レイモンド・カーバー（Raymond Carver）とジェイムズ・ジョイス（James Joyce）の文章のコピーであるという。[55] スターペルは、まだ懲りていないようだ。

5　なぜ医学と生命科学に不正が多いのか

研究不正を調べていくと、医学と生命科学に圧倒的に研究不正が多いのではないかという印象をもつ。オーストリアのドルフス（Helmut Dollfuss）は、ＷｏＳ（トムソン・ロイター社の、全科学分野のデータベース）を用いて二〇〇四年から二〇一四年の一一年間の撤回論文を分析した。[56] その結果は、ワースト10のうち、九領域が医学生物学関係であった。

グリーナイゼン（Michael L. Grieneisen）らは、ＷｏＳを用いて、一九二八年から二〇一一年まで、研究分野別の撤回論文数を調べた。[57] 総論文数の分野別パーセント分布を横軸に、撤回論文数のパーセント分布を縦軸に取り、両者の間に一対一の直線を引いたのが図5-3である。この直線より上にあれば、平均よりも撤回が多いことになる。

図から明らかなように、一二分野のうち全体の四〇パーセントを占めている医学系の論文に撤回論文が多い。化学、生命科学と複合領域の科学も、直線より上にある。一方、平均よりも少ない分野は、直線の下側にある工学、物理学、数学などの理数系の分野である。生命科学系のなかでも、農学は撤回論文の少ないことが分かる。分野別撤回率の相対比較のために、直線からの離れ方を図から計算した。その結果、医学分野は絶対数では多いが、相対数ではむしろ化学、生命科学よりも少ないことが分かった。

なぜ、医学と生命科学に撤回論文が多いのであろうか。医学研究者と共同研究を行った物理学者の興味深い証言がある。

論文盗用発見のためのソフトを開発したガーナー（第三章）は、もともと常温核融合などのプロジェクトに参加していた物理学者である。ヒトゲノム計画に加わったときの印象を、ガーナーは次のように書いている。[9]

そこでは、すべてが違っていた。同僚たちは異なる言語を話していた。医学の言語だ。私が話すのは物理学の言語だった。物理学では基本方程式がほぼすべてを支配するが、医学に一般方程式は存在しない。多くの所見、何らかの個別的な理解、そして膨大な量の医学用語があるだけだ。

医学に関わってきた一人として、私も確かにその通りだと思う。多くは、現象に始まり、現象に終わる。医師にとっては、抽象論よりも、具体的な問題、目の前の患者を治すことが大事である。医学部とは、数学のよくできる学生を入学させて、できなくして卒業させる学部と定義してもよいくらいだ。

そこに、研究不正のつけこむ隙ができる。画像解析のような、主観の入りやすい現象から出発し、理論化、抽象化あるいは数式化することもないまま、結論にいたる。それでも、ゲノムが明らかになり、生命科学はずいぶん変わってきたと思う。ゲノムは、生命科学における、要素還元主義の柱となった。

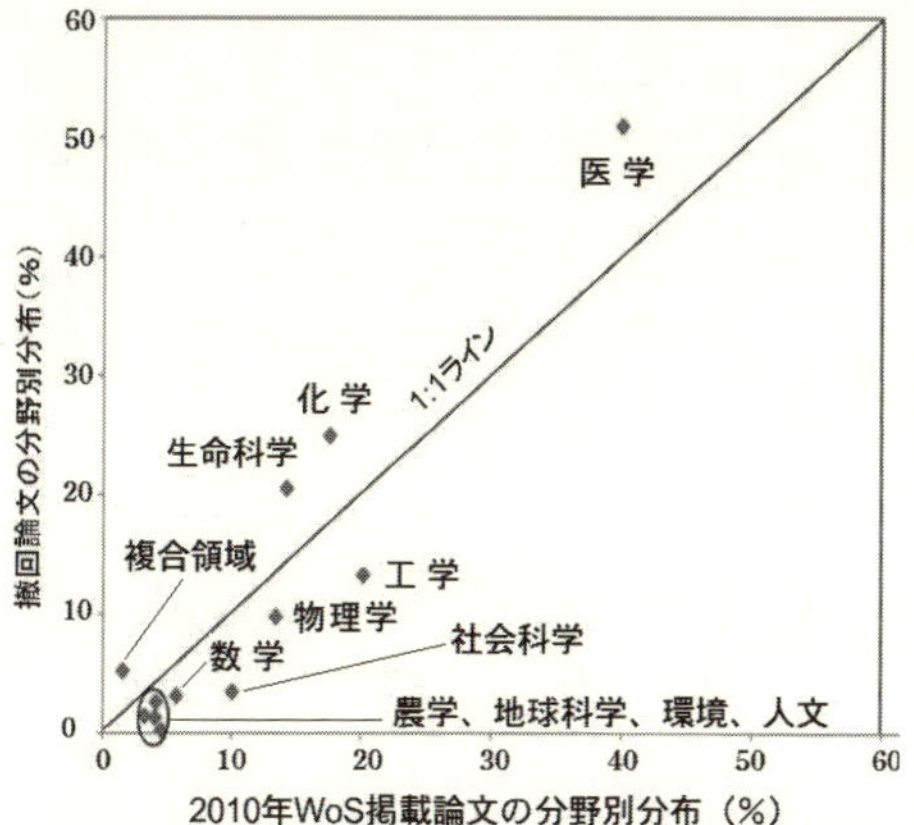

図5－3　1928年から2011年までの撤回論文4449報についての解析57。横軸は、この間の論文の分野別比率（%）。縦軸は、撤回論文の分野別比率。両者の比率が1:1となる直線より上の分野は、相対的に撤回論文が多いことを示す

6　なぜ数学に不正が少ないのか

医学、生命科学系と比べると、物理学、数学系に研究不正が少ないのは、確かである。物理学には、シェーン事件（事例12）のようなとんでもないねつ造があったが、数学の世界では、目立った研究不正の話は聞かない。しかし、まったく無縁というわけではなく、図5-3でも、一対一の直線より下ではあるが、物理学と同じ程度の比率で撤回論文がある。白楽ロックビルからの私信によると、ねつ造、盗用などの例がいくつかあるし、捕食ジャーナル（第六章）のなかにも、数学関係のジャーナルがあるという。リトラクション・ウォッチにも、数学分野の撤回論文が報告されている。[58]

数学分野にねつ造、改ざんのような重大な不正が少ないのはなぜだろうか。小谷元子（日本数学会理事長、東北大学教授）と前島信（日本学術振興会、慶應義塾大学名誉教授）と討論するうちに、その背景が見えてきた。

・数学には、正しいか、間違っているかの二者択一の答えしかないため、ねつ造が入りこめない。

・数学はロジックに支えられている。その点が「現象」に支えられている医学生物学との大きな違いである。もし、間違いが入ればすべてが崩壊するという重みが、不正の入りこむ余地をなくしている。
・論文の審査は、審査員が理解するまで終わらない。審査に一年、出版までには二年くらいかかるのが普通である。

数学に限らないが、科学の世界では、問題の解決、提案などについての先陣争いが起ることがある。たとえば、一六六〇年代に確立した微積分学のプライオリティをめぐって、ニュートンとライプニッツ（Gottfried W. Leibniz）が法廷で争ったという（今日では、二人が確立したということになっている）。最近でも、ポアンカレ予想の証明をめぐって、ペレルマンと中国の数学者の間で問題が生じた。[59]

事例30　ポアンカレ予想の証明をめぐる先陣争い[59]（ロシア・中国、二〇〇二年）

一九〇四年、ポアンカレ（Henri Poincaré、一八五四〜一九一二）は、「三次元球面を識別するのには一次元ループで十分である」という仮説を提唱した。

二〇〇二年から二〇〇三年にかけて、ロシア生まれの数学者、ペレルマン（Grigory Y. Perelman）は、数学研究のためのインターネット・サイト「アーカイブ（arXiv）」（第六章）に、ポアンカレ予想の証明となる三報の論文を投稿した。しかし、ペレルマンの論文には、完全に埋められていない飛躍した箇所があった（数学者は、それを「ギャップ」と呼ぶ）。ペレルマン自身にとっては、自明のことであったのかもしれないが、その「ギャップ」を埋めるために多くの数学者が参加しなければならなかった。

　中国の中山大学の朱熹平（チュウシーピン）とペンシルバニア州リーハイ大学の曹懐東（ツァオファイトン）の二人が、二〇〇六年、ペレルマンの論文の「ギャップ」を埋め、ポアンカレ予想を完全に解いたと大々的に発表した。中国科学院は、「先駆者は基礎を築き、骨組みの完成をするのは中国人」と発表した。さらに、二人の論文は、数学では考えられないくらいのスピードで審査を終えて、ジャーナルに発表された。数学界のノーベル賞であるフィールズ賞を狙っているのは明らかであった。しかし、数学者の間では、ギャップを埋めただけでは定理を証明したことにならない。

　二〇〇六年八月、マドリッドで国際数学者会議が開催され、ペレルマンにフィールズ賞が与えられることになった。しかし、変わり者のペレルマンは受賞を拒否し、賞金も受け取ろうとしなかった。

　最近、私は、パリ・モンパルナス墓地のポアンカレの墓を訪ねた。墓石の上には、数式を解いた一枚の紙が置かれていた。今でも、ポアンカレは尊敬を集めているのだ。

　数学者の研究態度には、古き良き時代の研究を見る思いがする。選択と集中、イノベーション、応用指向、研究費競争、インパクト・ファクターなど、現代の科学の問題点を超越しているが故に、研究不正が少ないのであろう。だからといって、他の学問、特に次に述べる臨床医学のように、世俗に近く、それ故に人々に最も貢献し、貢献が期待される学問の場合は、数学と数学者のようになれと言っても無理な話である。

7　臨床医学の問題点

臨床の教授は、最も忙しい職業の一つと言ってもよいであろう。教育、研究に加えて、診療という業務がある。外来患者を診察し、入院患者を回診する。外科系であれば、週にいくつもの大手術をこなさなければならない。臨床の学会や研究会は、多忙な教授たちが揃う週末になることが多い。病院の収入は、規模にもよるが、年に二〇〇億円を優に超えるであろう。一日も休みなく働き、大学のために収入を上げても、ときどきしか大学に顔を出さない文学部の教授と同じ給料であるのはおかしい、という不満が聞こえても不思議ではない。

昔はよかった。医学部の教授にはそれに見合うだけの見返りがあった。『白い巨塔』（山崎豊子、一九六五年）の時代、医学部教授の権限は絶大であった。一九九〇年くらいまで、製薬会社は、機会をとらえては、医師に対して様々な便宜を図ってくれた。文献検索、統計処理、論文執筆、スライド作成、出張のホテル予約（時には旅費の肩代わり）。頼めば何でもやってくれた。製薬会社もそれに見合う何かを期待していたのだ。

転機は、一九九一年の改正独占禁止法であった。日本製薬工業協会の公正競争規約が制定され、医療関係者に無償でサービスを提供することができなくなった。二〇〇七年には、薬品の宣伝に学会発表を使うことができなくなった。査読を通った論文でなければ、薬品の宣伝に使えなくなったのだ。ノバルティス事件（事例18）は、このような背景で起こった。

日本の臨床研究は世界二五位

わが国の臨床研究はどのくらいのレベルであろうか。基礎医学系と臨床医学系の論文を、一九九三年から二〇一一年までの二〇年間にわたり追跡調査した医薬産業政策研究所の報告がある。[60] 調査対象として選ばれたのは、基礎医学系のネイチャー・メディシン、セル、実験医学ジャーナル（J.Experimental Medicine）の三誌、臨床医学系としては、ニュー・イングランド・ジャーナル・オブ・メディシン（NEJM）、ランセット、アメリカ医学協会誌（JAMA）の三誌である。いずれも、最もインパクトの大きいジャーナルである。

その結果は、誰の目にも明らかである（図5-4）。基礎研究は、この約二〇年間、アメリカ、イギリス、ドイツなどと並んで、常に上位にいるが、臨床研究のランキングは五年ごとに低下し、二〇〇八～二〇一一年にはついに世界の二五位にまで落ちこんでしまった。臨床医学系の指標として選ばれた三誌は、患者を対象とした臨床研究を重視している専門誌である。別な言葉で言えば、わが国には、患者の立場に立った臨床研究が育たなかったのである。

質の高い臨床論文

質の高い臨床研究とはどういう研究であろうか。わが国の臨床研究の指導的立場にある大橋靖雄によれば、次のような条件を満たしていなければならない。

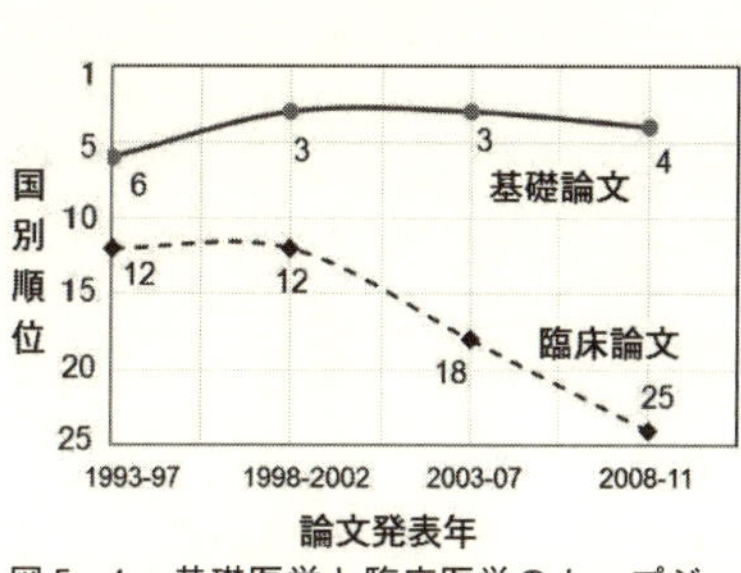

図5－4　基礎医学と臨床医学のトップジャーナル論文の国際比較 60。日本の臨床研究論文のうち特にNEJM、ランセット、JAMAに載るような質の高い臨床論文は、20年間で激減した

①明確な目的、仮説のもとに
②中立で経験のある統計家の参加により、適切にデザインされ、
③独立・中立的なデータセンターによって管理され、
④統計分析など、データの品質が保証され、
⑤実地医療に役に立つ論文となる。
⑥研究者の利益相反は開示され、透明性のある経費によって実行される。

ノバルティスによるディオバンの臨床試験は、①ディオバンの心血管イベント抑制効果をねつ造し、一〇〇〇億円以上の売り上げを達成するという目的だけは明確であった。しかし、②から⑥までの条件は、なに一つとして満足していなかった。

大橋によれば、以上のような条件を満足する臨床研究が、日本でも行われていたという。一九九〇年代に行われた高脂血症に対するメバロチン（第一三共）、抗がん剤のUFT（大鵬薬品）の大規模臨床研究がそのよい例である。しかし、他の分野では、医師の意識改革も進まず、旧態依然とした製薬会社と医師の密着状態が続いている。その傾向が特に顕著なのは、かつての抗菌剤と最近までの降圧剤の世界であったと、大橋は言う。

高額の講演料

二〇一五年四月一日の朝日新聞は、二〇一三年度に製薬会社から高額の講演料を受け取った医師六名を実名で報じた。一番多い講演料を受け取っていた順天堂大学の特任教授は、年二四〇回講演し、二一社から四七四七万円を受け取っていたという。一〇〇〇万円以上の講演料を受け取っていた医師は一八四名に達する。その半数は、糖尿病、高血圧など、患者数も多い生活習慣病の分野であった。

自分の信じる薬を紹介することは、決して悪いことではない。製薬会社が自社の薬を知ってもらうために講演会を開催するのも、決して悪いことではない。法律違反でもないし、研究不正でもないのだが、本当にこれでよいのかと気になるのも確かである。このような高額の謝礼を貰ううちに、感覚が麻痺し、利益相反を深刻に考えなくなるであろう。第二、第三のノバルティス事件が起きないとは言えない。臨床の研究者は、襟を正して、国際的に評価されるようなレベルの高い研究をしてほしい。

8　研究不正の多い国

数々の事例、撤回論文ワーストランキングを見ていると、日本は飛び抜けて研究不正が多いように思えてくる。ワースト10に二人、ワースト30に五人も入っているのだ。加えて、ノバルティスとSTAP細胞の二つの研究不正事件は、その悪質性という点から、世界の研究者の記憶に長くとどまるのは間違いない。

ファング（Ferric Fang）らは、一九四〇年から二〇一二年までの医学・生命科学系撤回論文の国別ランキングを発表している。[49] 論文撤回の多い国は、アメリカ、ドイツ、日本の三ヶ国である。ファングは、これらの「研究先進国」には、ねつ造などの重大な研究不正が多く、研究に関する「発展途上国」には、盗用と二重投稿が多いと述べている。

ドルフスは、二〇〇四年から二〇一四年までの一一年間の撤回論文二五九〇報の国別分布を調べている。[56] 発表論文数は国によって大きく異なるため、二〇〇八年の発表論文数[62]で補正

表5－2　論文の撤回率（％）

	国　名	論文撤回率（％／年）	2004〜14年の撤回論文数	2008年の発表論文数（× 1000）
1	インド	0.034	131	35
2	イラン	0.0323	39	11
3	韓　国	0.0285	94	30
4	中　国	0.0175	201	104
5	日　本	0.0143	108	69
6	アメリカ	0.0081	245	276
7	ドイツ	0.0078	64	74
8	イタリア	0.0073	35	44
9	イギリス	0.0054	45	76
10	フランス	0.0047	28	54
	世界全体	0.0239	2590	987

2004〜2014年の11年間の撤回論文総数[56]を2008年の発表論文数で補正し、撤回率を算出した。2008年発表論文数は、文科省の調べによる[62]。対象は全科学分野（WoSデータベース）。世界平均の0.024パーセントは、ファネリの報告[61]の0.02パーセント（2011年）よりも高い。これはドルフスのデータ（2004〜2014年）が、近年の論文撤回の増加を反映しているためであろう

すると、表5－2に示す国別分布が得られた。

撤回論文のワースト3は、インド、イラン、韓国である。その後に、中国、日本が続く。欧米の国々は、日本の半分近くか、それ以下の数値でしかない。アジア、中東の国がワースト上位を占めているのは恥ずかしい限りである。アジアは、まだ科学の精神が根づいていないと思われても仕方がない。

第六章　研究不正を監視する

「おてんとうさまは、お見通しだぜ」
寅次郎見得を切る
「いよっ、大統領」「いよっ、後家殺し」
『男はつらいよ　寅次郎忘れな草』

研究不正が後を絶たない。これだけ問題になっていても、不正をしたら研究コミュニティに残れないと分かっていても、不正は、次から次へと報告される。研究不正を監視する装置も、二重三重に張り巡らされているのに、それをくぐり抜けて不正が起こる。前章では、なぜ研究不正をするのかについて、様々な方向から分析した。本章では、そのような研究不正を見張るシステムについて考えてみよう。

論文を投稿すると、その道の専門家が、審査をする。研究に価値があるかどうか、発表するだけの新しいことがあるか、など厳しい審査が待っている。それに合格しても、今度はネット社会が、問題がないかどうかを調べにかかる。「性悪説」のもとに調べるので、ちょっとしたお化粧でも見破られてしまう。さらに事情をよく知っている人が警告の笛を吹くかもしれない。

万が一、不正をすれば、厳しい調査を受けねばならない。研究コミュニティも、研究費の助成機関も、文科省も、みんな不正を減らそうとして一生懸命なのだ。そして最後には、ジャーナリストが社会正義の立場から、不正に目を光らせている。

長い間、研究不正は研究者個人の問題として放置されてきた。特に、わが国では、二〇一四年に相次いで起きたSTAP細胞事件（事例21）とノバルティス事件（事例18）まで、社会も、研究者自身も無関心に近かった。その意味で、二つの事件は、反面教師として社会と科学コミュニティに警告を与え、監視システムを整えるのに、大きな貢献をしたと言えよう。

1　ピア・レビュー

科学の世界では、研究資金、論文の採択など、すべての審査は、ピア・レビュー（peer review）によって行われる。Peer を英和辞書で調べると、同僚、同輩、仲間などの日本語訳が出てくるが、どれも「ピア」の訳語としてはしっくりこない。この場合のピアとは、同じ専門分野の研究者、それも現在活躍中の研究者である。それだけに、彼ら／彼女らは、内容を正確に理解し評価できる。顔見知りの場合もあるかもしれないが、中立的立場から評価することが前提である。師弟関係のような利害関係があるときには、審査をしないというルールも決められている。「仲間内の評価」でないことだけは改めて強調しておく必要があろう。

アメリカでは、最近、ピア・レビューに代えて、メリット・レビュー（merit review）と言うことが多い。基本的には、ピア・レビューと同じ意味であるが、論文の科学的価値（メリット）を審査するという意味を前面に出したこの呼び名のほうが、より的確であると思う。将来は、ピア・レビューに代わって使われるようになるのではなかろうか。

私は、現役の頃、毎月いくつもの論文の審査を依頼されていた。三〇ページを超す英文論文を読み、理解し、細かいデータにも目を配る。その上で、大きな問題と細かい問題に分けて問題点を指摘した二〜三ページの審査文を英文で書く。自分の本来の仕事に加えて、論文審査に時間を取られるのはつらかったが、あえて審査を引き受けていたのは、科学の世界に生きる者としての一つの任務と思っていたからである。ピア・レビューは、科学の質を保証する重要な手段なのだ。

ピア・レビューは、性善説の前提で進められる。論文に書かれている数字はすべて観察によって裏づけられ、画像は改ざんされていないという前提で論文を読む。相手を信用しているのだ。スペクター（事例6）の論文の放射線による画像が、リン酸化による影（ベータ線）ではなくヨード（ガンマ線）でラベルされたタンパクの影であることは、元のゲルにガイガーカウンターを当ててみなければ分かるはずがない。審査員がだまされても仕方がない。

一方では、注意深く審査をしていれば、だまされなかったはずと思うような審査もある。臨床医学の最高峰であるランセット誌は、ノバルティス事件の慈恵医大論文を通してしまった。降圧効果は同じなのに、心筋梗塞、脳梗塞を三九パーセントも下げるというデータを見て不審に思わなかったのであろうか。しかも、そのような効果を否定する、もっと精密な論文（二重盲検論文）がその前に発表されていたのである。ワクチンが自閉症を誘発するという論文（事例10）の審査員たちは、その重大性を考え、慎重に判断しなければならなかった。ジャーナルのブランドは、論文の質を必ずしも保証していないことが分かる。

なりすまし審査

ピア・レビューによる論文の審査は、厳しく、簡単に採用してもらえない。となれば、自分で自分の論文の審査をすれば、楽々採択になるであろう。そして、そのように考える研究者が現れた。「なりすまし」詐欺と同じ手口である。リトラクション・ウォッチによれば、少なくとも四人が、「なりすまし」がばれて論文を撤回しているという。そのうちの三人は、撤回論文ワースト・ランキングの三位、九位、二三位である（表7-1）。ワースト10の二〇パーセント、ワースト30の一〇パーセントが「なりすまし審査員」によるという事実には、改めて驚かされる。

事例31　なりすまし審査で論文を通す[63、64、65]（台湾・韓国・パキスタン、二〇一二〜一四年）

台湾の国立屏東教育大学准教授のピーター・チェン（Peter Chen、陳震遠）は、すべての論文を機械工学分野の一つのジャーナルに集中して出していた。登録されている審査員をオンラインで選ぶことができるシステムに目をつけたチェンは、いくつもの偽名を使って自らを査読者候補として登録し、投稿した論文は自分が査読できるようにしていた。しかし、二〇一三年、編集者に怪しまれ、論文を撤回、同時に職も失った。その数、六〇報、ワースト三位である。[63]

韓国釜山の東亜大学の教授ヒュンイン・ムン（Hyung-In Moon）は、審査員になりすまして、自分の論文を採択させたが、二〇一二年に発覚し、論文は撤回、本人は辞職した。撤回論文三五報は、ワースト九位である。[64] 編集者が、なりすましに気がついたのは、査読の返事がすべて二四時間以内に届いたからだという。私もそうだったが、査読を頼まれた人は、締め切りを守らないことが多い。そのようななかにあって、すべて二四時間以内に返事が届けば怪しいと思われても仕方がない。ムンは、査読者の心理も勉強すべきであった。

パキスタンのザーマン（Khalid Zaman）は、「なりすまし審査」がばれて、一六の経済学論文を撤回し、ワースト二三位にランクされている。[65] ザーマンのなりすましが分かったのは、推薦してきた査読者のメールアドレスが大学のアドレスでなかったことによる。ヒラリー・クリントンの場合も問題になったが、公的の仕事に私用のメールアドレスを使うのは、いたずらに疑問を生じさせることになりかねない。生命科学のあるジャーナルは、二〇一五年に、査読者の私用メールアドレスの使用を禁止した。[66]

2 ソーシャル・メディア

ピア・レビュー対ソーシャル・メディア

二〇一五年夏の東京オリンピックエンブレムをめぐる騒動は、ソーシャル・メディアの威力を見せつけた。実績あるデザイナーのみに参加が許可され、名だたる審査員によって選ばれたエンブレムが、ソーシャル・メディアにより、取り下げざるを得なくなったのである。現代の社会では、権威が権威であり続ける基盤は、権威とは無関係のネット情報によってひっくり返されるかもしれないのだ。同じようなことは、これからも、様々な分野で起こるであろう。論文審査も例外ではない。

伝統的なピア・レビューに対して、出版された論文について、ピアであるかどうかを問わず、誰もが意見を述べることができるのが、ソーシャル・メディア審査である。ピア・レビ

表6-1　ピア・レビューによる論文評価と
ソーシャル・メディアによる評価の比較

	ピア・レビュー	ソーシャル・メディア
評価する人	ピ　ア	専門家とは限らない
透明性	匿名（非公開）	匿名（ネット公開）
出版との関係	出版前審査	出版後審査
評価の視点	性善説	性悪説
評価の立場	科学としての意義を評価	欠点を探す
評価の責任	責任を伴う	責任と関係ない

ューとソーシャル・メディア審査の違いを表6-1にまとめた。

ピア・レビューが、原則として、性善説の立場で審査するのに対し、ソーシャル・メディア審査は、性悪説の立場から、いわば「あら探し」をする。したがって、ソーシャル・メディアが好んで取り上げるのは、話題となるような目立つ論文である。匿名という点ではどちらも同じであるが、ピア・レビューのコメントが公開されないのに対し、ソーシャル・メディア審査は、ネットへの公開を前提としている。

この二つのレビューの間の最も大きな違いは、サイエンスとしてのメリットの評価である。ピア・レビュー（メリット・レビュー）が、常にサイエンスとしての意味や、将来への価値を評価し、編集者に論文の採択を提案するのに対し、ソーシャル・メディアは、サイエンスとしての価値よりも、問題の指摘、告発である。ソーシャル・メディアによる評価の限界はまさにこの点にある。

ソーシャル・メディアによる告発

ソーシャル・メディアによる論文批判の場としては、次のウェブサイトが、国際的によく知られている。

・パブピア（PubPeer）

・リトラクション・ウォッチ（Retraction Watch）　オランスキー（Ivan Oransky）によるブログ

・ノフラー・ブログ（Knoepfler Lab Stem Cell Blog）　ノフラー（Paul Knoepfler）による幹細胞に特化したブログ

国内では、次の情報源が詳しい。

・11jigen　匿名

・世界変動展望　匿名

・研究倫理（旧名バイオ政治学）　白楽ロックビルによるブログ

なお、ジャーナル編集者へ直接メールを送る匿名「警笛を吹く人」（後述）としては、クレア・フランシス（Clare Francis）がよく知られている。女性名だが、素性は不明である。[67]

東大分生研のSK研究室の一六年におよぶ研究不正（事例20）が発覚したのも、11jigenによる追及がきっかけであった。STAP細胞（事例21）が追試できないことをいち早く指摘したのはノフラー・ブログであり、ネイチャー論文の奇形腫画像のねつ造、博士論文の使い回しを指摘したのは、11jigenであった。

「性悪説」に基づき、匿名で行われるソーシャル・メディア審査は、一方的かつ攻撃的であるため、標的となった本人にとっては不愉快なことであろう。しかし、ソーシャル・メディアがなければ、SKの研究もSTAP論文も生きのびていたかもしれないことを考えると、その貢献を認めないわけにはいかない。それにしても、「性善説」に基づくピア・レビューがこれほどまでに無力であったことに驚くばかりである。これまでピア・レビューを信じ、査読を受け、査読をしてきた一人として悲しくなる。

悪意ある告発

研究不正の告発は、諸刃の剣である。研究不正を追及する手段としてではなく、悪意をもって、狙いをつけた人の中傷にも使うことができるからだ。そのような標的にされたらたまったものではない。名前が出ただけで、研究者コミュニティから白い眼で見られ、疑いを晴らすのも容易でない。最近、そのような事例が日本でも起こっている。幸いなことに、裁判により告発された側が勝訴した。白楽ロックビルによると、アメリカでは、そのようなときに相談できる専門の弁護士がいるという。[68]

3　ネット公開ジャーナル

ネット時代に入り、ジャーナルの形式も急速に変化してきた。これまでの紙媒体のジャーナルには、原則として、ピアによる厳重な審査を受け、科学的に意味のある（メリット）論文だけが掲載されている。しかし、論文を読むためには、ジャーナルを購読するか、論文一報について三〇〇〇円以上支払わなければダウンロードできない。そのような状況に風穴をあけたのが、誰もが無料で読むことができるオープンアクセス（Open access）システムである。オープンアクセスがさらに進むと、紙媒体を離れて、最初からネット上で公開されているジャーナルとなる。それとともに、審査の基準も、より甘い方向に変わってきた。

・プロス・ワン（PLOS ONE）　オープンアクセス、ネット公開ジャーナルの代表は、PLoS（Public Library of Science）シリーズのジャーナルである。二〇〇六年創刊の「プロス・ワン（PLOS ONE）」は、方法論的に間違っているかどうかという評価基準だけで審査し、科学論文として価値があるかどうかは読者に任せるという立場で編集されている。このため、採択率は七〇パーセントと高い。プロス・ワンに掲載された論文は、PubMedデータベース（NIHのアメリカ医学図書館による医学系論文のデータベース）に掲載されることもあり、掲載論文が急速に増加し、同データベースの六〇分の一（二〇一三年、三万一五〇〇報）を占めるにいたっている。ちなみに、本書でもプロス掲載の論文を六報引用している。

- **サイエンティフィック・レポート**（Scientific Reports）　商売上手のネイチャー出版グループが、プロス・ワンの成功に刺激されて、二〇一一年に開始したネット公開型オープンアクセスジャーナル。ネイチャーブランドもあり、インパクト・ファクターは六を超えた。投稿料は一七万円と相当に高い。
- **F1000リサーチ**（F1000Research）　生命科学に特化したこのネット公開ジャーナルは、審査なしに、論文であろうとスライドであろうと何でも載せてしまう。掲載した後に審査を行い、審査に通れば PubMed データベースに掲載されるという。このようなジャーナルに存在価値があるとすれば、ネガティブでありながら重要な情報、たとえば再現性がないというような報告（第四章）を載せる場を提供することであろう。[69]
- **アーカイブ**（arXiv）　数学の投稿サイトであるアーカイブには、審査なしに投稿論文が掲載される。投稿された論文について、数学者が公開の場で審査に加わることにより、研究論文発表の場としての正当性と権威が保たれている。事実、ポアンカレ予想を解いたペレルマンの論文（事例30）もこのサイトに投稿された。

オープンアクセス、ネット公開の延長線上にある「鬼子」が、掲載料目的に何でも載せてしまう「捕食」ジャーナルである。

「捕食」ジャーナル[70,71]

ネット公開ジャーナルの中には、投稿料稼ぎを目的としているようなジャーナルもある。科学ライターのボハノン（John Bohannon）は、「おとり調査」として、内容のないまったくでたらめの論文を三〇五のネット公開ジャーナルに投稿したところ、半数のジャーナルが採択し、投稿料として五〇〇ドル程度を要求してきたという。アメリカの有名な漫画の主人公、マギー・シンプソンを著者にしたり、金正恩まがいの「Kim Jong Fun」という名前を使ったり、コンピュータで作成したでたらめの英文の論文が採択された例もある。この類のジャーナルの多くは、インドとナイジェリアにあるが、神戸大学の英文医学雑誌（Kobe Journal of Medical Sciences）も、ボハノンのおとり調査に引っかかってしまった。

このようなジャーナルを、落ちこぼれ、ねつ造などの問題論文をハイエナのように漁るという意味で、「捕食出版（predatory publication）」と呼んでいる。二〇一一年には二〇以下であった「ハイエナ」出版社は、二〇一五年には六九三にまで増えたという。ネット社会を悪用したとしか思えない捕食ジャーナルは、研究不正の受け皿になり得る困った存在である。

ジャーナルとしての責任と誠実さも問われる時代になった。

4　公益通報者（警笛を吹く人）

一般の人には理解しがたく、しかも、研究室という閉鎖空間で行われる研究不正については、内部の人からの通報が欠かせない。事例のなかでも、共同研究者、学生などからの指摘で不正が分かった例が少なくない。ドイツのヘルマン・ブラッハ事件（事例9）、オランダのスターペル事件（事例29）が、そのよい例である。

以前は、このような通報を、「内部告発者」と呼んでいた。英語でも、informer、tipster、snitchなどと呼ばれていた。しかし、これらの名前には、「密告」「裏切り」のような悪いイメージがある。アメリカの消費者運動の指導者、ネーダー（Ralph Nader）は、一九七〇年代の初め、「警笛を吹く人」という意味の"whistleblower"という言葉を提案し、今では完全に定着している。わが国では、二〇〇四年に公益通報者保護法が制定されて以来、「公益通報者」という表現が広く使われるようになった。

職階の低い人が「警笛を吹く」と考えるかもしれないが、ORIによると、むしろ地位の高い人の方が多いという。学部長、教授、准教授、助教クラスのスタッフが五七パーセントを占め、ポスドク、大学院生、学生は、一八パーセントに過ぎない。しかし、身分を明かさない人二五パーセントのなかには、後者がかなり入っていると思われる。[72]

その一方、「警笛を吹く人」は、アメリカでもそれほど守られているわけではないと、ネイチャー誌は指摘する。[67] まして、上下関係にうるさく、閉鎖的な日本の研究室では、なおさらであろう。阪大のDNA複製事件（事例17）では、公益通報者が自殺するという悲しい結果となった。公益通報者を守る確実なシステムが必要である。公益通報者は、自分を守るために匿名で連絡してくるかもしれない。組織は、匿名通報に対しては、無視することが多いが、匿名であっても、きちんと対応するようにしなければならない。

5　誰が研究不正の責任をもつのか

研究不正の責任はどこにあるのであろうか。基本的には、研究者個人の問題であるのは確かだが、それだけを強調すると、対策が立てられないことになる。有効な対策を立てるためには、研究者個人から、研究組織、科学コミュニティ、行政組織にいたるまで、科学に関係するすべてを含めた広い範囲で問題をとらえることが大事である。責任所在のヒエラルキー（図6-1）のそれぞれのレベルにおける役割分担を考えてみよう。

①研究者　いうまでもなく、研究不正の一義的な責任は、研究者本人にある。その結果、不正者本人は処分され、研究成果は撤回される（第七章）。基本的な対策は、研究倫理

教育を学生から教授まですべてのレベルの人たちに対して行うことである。

②研究組織　研究不正に対応するためには、本人だけの問題とせず、研究に関わる関係者全員が自分の問題として考えることが大事である。二〇一四年八月に制定されたガイドラインのなかで、文科省は、研究組織の責任に踏みこんで、次のような方針を示した。[73]

・大学等の研究機関は、学生、研究者を対象に倫理教育を行う。
・一定期間、研究データを保存する。
・ねつ造、改ざん、盗用のような「特定不正行為」が発生したときは、外部委員を半数以上加えた調査委員会を設置する。

図6－1　研究不正の責任のヒエラルキー。一義的な責任は、不正を行った研究者にあるが、その所属機関は、管理責任を負う。学会、ジャーナルの編集者も科学コミュニティの一員として、不正には厳しく対処しなければならない。助成機関と行政機関には、科学・技術を推進する立場として、研究不正防止の制度作成と実施の責任がある

・特定不正行為については、文科省と助成機関へ報告する。
・不正研究者に対して競争的資金の返還、申請資格制限などの処分を行う。

研究組織の責任は、

非常に重い。いったん研究不正が発生したら、調査委員会を発足させ、結論を出し、処分するまでの責任が生じる。しかも、研究組織としての責任を果たさないと、文科省から、研究費のうちの間接経費分カットというペナルティが科せられるのである。

③**助成機関**　日本学術振興会やＪＳＴなどの研究資金を助成する機関も、倫理教育の制度を確立し、研究者に研究倫理教育を義務づけるなどの責任をもつ。研究費助成機関が自ら研究不正報告書まで出した例がある。次章で紹介する金属ガラスの事例（事例42）は、総長が対象になっていること、ＪＳＴが巨額の研究費を出していることもあり、ＪＳＴが報告書を出した。

④**文科省**　ガイドラインのなかで、文科省の責任が明示されている。文科省は研究不正に継続的に対応し、ガイドラインの履行状況を確認する。各機関は、特定不正行為を文科省に報告する義務がある。機関において、対応が不十分のときは、研究機関への間接経費をカットできるとしている。文科省は、研究不正に対応するために、「研究公正推進室」を設けた。

⑤**研究コミュニティ**　研究コミュニティにも責任の一端がある。所属する研究者の不正により信頼を失いかねないような不祥事に対しては、学会は自らの姿勢を明らかにする必要があろう。たとえば、日本分子生物学会は、ＳＴＡＰ細胞事件（事例21）に対して、

危機感をもってくり返し発言した。日本麻酔科学会は、撤回論文ワースト一位のＹＦ（事例19）について、詳細な調査報告書をまとめ、学会から永久追放処分にした。この事例では、所属機関が複数におよんだため、学会による問題の解明が必要になった。ジャーナルにも責任がある。以前と違うのは、ジャーナル編集者も、積極的に研究不正に対して動き出したことであろう。撤回論文ワースト二位のボルト（事例23）では、一八の専門ジャーナルの編集長が共同で論文を撤回した。研究コミュニティの良心として、ジャーナルも不正に立ち向かいはじめた。

6　研究公正局（ＯＲＩ）

一九八〇年代にアメリカの有名大学で、医学系の研究不正が続き、議会も不正追及に動き出した。事態を真剣に受け止めたアメリカ政府は、日本の厚労省に相当する官庁内に、研究不正を監視する公的な機関として、研究公正局（Office of Research Integrity、ＯＲＩ）の前身となる組織を一九八九年に設置した。ＯＲＩの組織構成については、山崎茂明の本に詳しい[74]。

ＮＩＨなどの支援を受けている研究について不正が告発されると、ＯＲＩは、研究機関に照会調査（inquiry）を依頼し、それに基づいて、ＯＲＩが本調査（investigation）を行う。不正調査の一次的責任は、研究機関にあるが、もし、研究機関が積極的に動かないようなときは、ORIが調査に乗り出すことになる。ORIのホームページをみると、年に一〇以上の研究不正が掲載されている。そのなかには、日本人の名前もある。

日本にも、ORIのような研究不正に対処する公的機関を設置すべきだという意見がある。しかし、本来、倫理規範にしたがうべき研究者の行為を中央官庁が制度的にコントロールすべきものかどうか、それが本当によいことなのかについては、慎重に検討する必要があろう。そのような制度が、自由な発想に基づく研究を萎縮させることになりかねないことを恐れるからである。もし、何らかの制度を設定するとしたら、研究者の自主的な組織、たとえば、日本学術会議のなかに置くべきであろう。

7 ジャーナリズム

ジャーナリストは、社会正義を大義名分に戦う。世の中の間違いを、ペンをもって鋭く指摘し報道するのが、彼らの仕事だ。研究不正に対しても容赦なく追及する。エイズウイルス発見をめぐる、アメリカとフランスの政治的和解に疑問をもち、真相を明らかにしたのは、シカゴ・トリビューン紙のクルードソン記者であった[75]（事例8）。旧石器発掘ねつ造事件は、毎日新聞記者たちの粘り強い張り込み調査によって明らかになった[76]（事例11）。韓国・東亜日報記者の李成柱は、退職して、黄禹錫（事例14）を追及する『国家を騙した科学者』を出版した。[77] もし彼らの追及がなければ、ギャロはノーベル賞を受賞し、教科書には上高森遺跡が記載されたままだったろう。科学者は、これらの事件では単なる傍観者に過ぎなかった。

　特に、研究不正をめぐる報道では、毎日新聞のがんばりが目立つ。記者たちは、問題を追及するだけでなく、一冊の本としてまとめた。旧石器ねつ造事件の『発掘捏造』[76]（毎日新聞取材班）、ノバルティス事件の『偽りの薬』[78]（河内敏康、八田浩輔）、STAP細胞事件の『捏造の科学者』[79]（須田桃子）である。NHK記者村松秀の『論文捏造』[44]は、研究不正報道の先駆けであり、お手本でもある。雑誌記事では、日経サイエンスが、STAP細胞について、冷静かつ科学的な記事を掲載した。[80] これらは、ジャーナリストが、研究不正の監視役となったよい例と言えよう。

　しかし、残念ながら、時にはお粗末としか言いようのない記事が掲載されることがある。二〇一二年一〇月一一日の読売新聞は、歴史に残るような大誤報を掲載した。

事例32　作り話に引っかかった読売新聞（日本、二〇一二年）

　常識のあるジャーナリストであれば、iPS細胞を用いた再生医療、それも心臓への細胞移植の条件がまったく整っていないことも、アメリカの医師免許をもたない人がアメリカで医療行為ができないことも、まして、看護師資格では手術ができないことも、すぐに分かりそうな話である。HMが二〇一二年夏から一〇月にかけて、全国紙とNHKに売りこんだのは、そのようなお粗末な作り話であった。

それに読売新聞が引っかかった。裏も取らずに記事にし、二〇一二年一〇月一一日、朝刊の一面トップを飾った。紙面には、三日前の山中伸弥のノーベル賞受賞を祝福するかのように、「iPS心筋を移植　初の臨床応用　ハーバード大日本人研究者」という見出しが躍った。しかし、翌々日の一三日には、誤報であることを認め、お詫びの記事を出した。

HMは、東大病院の助教の医師により、任期を切って雇われた研究員であった。彼の言うことは、すべてがウソであった。手術は、彼の空想の世界の出来事であった。手術の動画も、ハーバード大学の講師という肩書きも、東大倫理審査委員会の承認も、すべてウソであった。東大は、彼の論文一四報に不正があったという調査報告書を出した。彼は、平気でウソをつき、自分のウソを信じて行動するような人間だったのである。

われわれは、大新聞とはいっても、記者から編集長にいたる人たちの科学に対する知識、理解力、調査力がいかにお粗末であるかを知ることになった。

新聞記者は、時に悪意をもって、記事を作ることがある。次の二つの事例は、私の所属していた東大医科研をめぐる報道である。特に、後者では、私自身が標的にされた。

事例33　東大医科研と免疫治療を標的にした朝日新聞（日本、二〇一〇年）

二〇一〇年一〇月一五日、朝日新聞は、進行膵臓がん患者の消化管出血について、一面トップでセンセーショナルに報じた。出血は、医科研の中村祐輔が開発したがんペプチドワクチン治療中に起きた。幸い、致命的な出血ではなかった。

消化管出血は、膵臓がんに限らず、消化器がんの経過中によく見られる症状であるが、医科研は、ワクチンによる副作用（有害事象）の可能性があるとして、治療を中止した。この臨床研究は医科研単独のため、その事実を他の病院に知らせる必要はなかった。朝日新聞は、他施設に知らせなかったという最後の点を問題にして、まるでとんでもない医療事故であるかのように、大きな記事に仕立てた。曰く、医科研がワクチンの開発を優先し、「被験者の安全や人権を脅かし」、出血の事実を「隠蔽」したというのである。社会面でも、「重大な利益相反」があるという記事を載せた。翌一六日には、ナチスの人体実験に言及しながら、「研究者の良心が問われる」という見出しの社説を掲載した。医科研がきちんと対応したにもかかわらず、朝日新聞は、自らの作り上げたストーリーに合わせて、医科研と免疫治療をおとしめようとしたのである。

科学論文にたとえれば、科学的に意味のない一つのデータをもとに、大発見をしたと称して大論文を書くようなものである。ねつ造と言ってもよいような、悪意に満ちた記事であった。朝日新聞の報道に対して、医科研だけでなく、日本医学会、日本癌学会、日本がん免疫学会、さらに四一の患者団体は一斉に反発した。朝日を弁護するような動きはなかった。朝日新聞は、孤立を深めるなか、強弁を弄しながら、ただ事態の鎮静化を待った。

事例34 「私」とがん研究を標的にした毎日新聞（日本、一九九四年）

忘れもしない一九九四年一〇月一二日、毎日新聞夕刊は、一面トップに、私の顔写真とともに、「癌研究のほとんど役立たない」という七段抜きの大見出しの記事を載せた。一週間後に名古屋で行われる日本癌学会総会で、私が、「勇気ある発言」をするというのだ。

総会では、「がんの予防と治療への挑戦」というパネルディスカッションで、私は、基礎医学者として問題提起をする機会を与えられていた。抄録には、これからはヒトのがんの研究が大事になるが、同時に、すぐには役立たないような基礎研究も非常に大事であると書いた。がんは生命、そして生物が分からなければ解決しない難問であるからだ。この考えは、今日にいたるまで私の信念でもある。それが「癌研究のほとんど役立たない」というがん研究をおとしめる記事となったのである。

この記事の前に伏線があった。前年、毎日新聞は、医科研の移植外科が症例数を改ざんしたという記事を大きく報道した（この記事は『背信の科学者たち』巻末の訳者追補に載っている）。実際は、国際学会に抄録を送った後で、データの間違いに気がついて取り下げたのであった。所長の代理として私は毎日新聞の科学部に赴いて、すでに取り下げた抄録なのに、なぜ記事にするのかと抗議をした。毎日が没にした記事を、朝日が問題にしたらどうしますかと聞いた。当時、私は、翌九四年から開始される予定の第二次「対がん十カ年総合戦略」の策定に関わっていた。毎日は、この二つを標的に、私を狙い撃ちにしたのではなかろうか。親しい他社の論説委員は、「先生、やられましたね。何があったのですか」と言ってきた。そして、相手は絶対引っこめないから、別の記事で訂正させるようにという知恵を授けてくれた。

私は、一人で毎日新聞に抗議をした。毎日は折れてきた。私に原稿を書かせるから、そのなかで自分の信念を書いてください、と提案を受けた。しかし、私は、毎日が原稿を書くことを要求した。その結果、一二月半ばに四日間にわたる私へのインタビュー記事が連載された。そのなかで、『がん研究はほとんど役に立たない』と報道されましたが、決してそんなことはありません」として、私の考えを述べることができた。

最近の新聞の科学記事はしっかりしていると正直思う。しかし、ストーリーに合わせた記事を作り、自分勝手な社会正義を振りかざす危険性は、ジャーナリズムのなかに内包されている。ジャーナリストも、研究不正から学ぶことは多いはずだ。

ジャーナリストへの対応

政治家と官僚と新聞記者には丁寧に接しなければならない。彼ら／彼女らを怒らせたら、あとで後悔することになる。私は、ジャーナリストから取材の申し込みがあればすべて引き受け、誠実に話すようにしている。

科学者は、自分の研究成果を社会に還元する責任がある。本当は、自分で社会還元の努力をするべきであるが、科学者の多くは、難しい話を難しく話すことしかできない。その務めをジャーナリストがしてくれるというのであれば、こんなありがたい話はない。

大きな発見のときは、記者会見がセットされる。記者会見でも、誠実に対応しなければならない。前著『iPS細胞』[3]で紹介したように、京大広報部の発表資料には、iPS細胞の意義が、控えめではあるが正確に書かれていたこともあり、マスコミに正確に伝わった。それと比べると、理研のSTAP細胞の発表は、まるでワイドショーのようであった。その後のメディアによるバッシングは、この派手な演出で注目を集めたことも関係しているであろう。マスコミをあおった者はマスコミの反撃を受けることを覚悟しなければならない。

第七章　不正の結末

人の犯した悪事は真鍮に刻まれて永く残り、
善行は水に記されてたちまち消える

シェークスピア『ヘンリー八世』第四幕第二場（小田島雄志訳）

1　何もよいことはない

研究不正をしても、何もよいことはない。研究不正が明らかになった段階で、不正を行った者の名前は社会に知られる。うわさ好きの研究者のことだ。不正は、コミュニティにあっという間に広がるだろう。ネットには、情報がいつまでも残っている。その段階で、すでに社会的に処分を受けたようなものである。

正式な手続きで調査が始まれば、委員会に呼ばれ、様々な証言をしなければならない。その結果、重大な研究不正と認定されれば、論文は撤回され、本人は、所属機関から処分を受

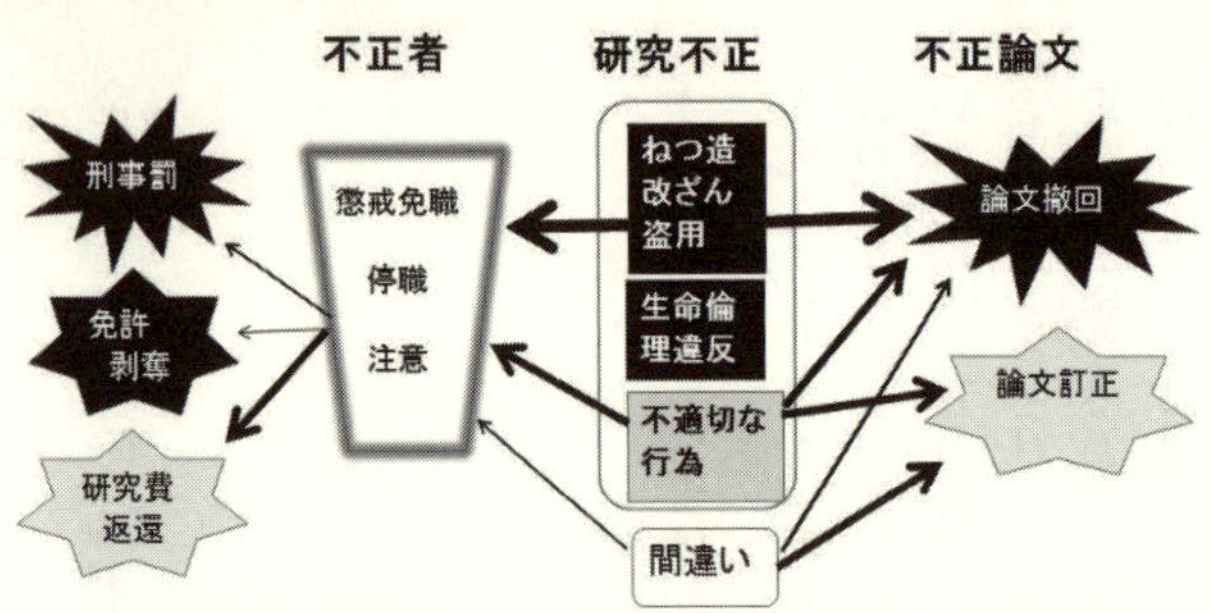

図7－1　研究不正の結末。重大な不正のときは、論文は撤回され、本人は処分を受ける。最悪の場合は刑事罰、（医師免許等の）免許剥奪となる。研究不正がまったく割に合わない行為であるのは確かだ。図中の矢印の太さは、可能性の程度を示している

ける（図7－1）。悪質であれば懲戒免職、さらに法律に違反していることが明らかになれば、逮捕もあり得る。医師であれば、医師免許を剥奪されるかもしれない。その上、研究費助成機関から、研究費の返還請求を受けるであろう。研究費は、一〇〇〇万円、多い人であれば、億の単位になるので、個人で返還できるような額ではない。世の中に研究不正ほど割に合わない行為はない。

2　ノー・エクスキューズ

悪意ある不正とオネスト・エラー

研究不正が見つかると、不正をした研究者は様々な弁解をする。意図的でなかった、悪意はなかった、結論と関係ない、単なる間違いなどなど。しかし、エクスキューズが通らないことは、これまでの歴史が示している。

理研の「研究不正に対する基本方針」（二〇〇六年）には、「悪意のない間違い及び意見の相違は研究不正に含まない」と書かれている。これは、アメリカの連邦政府規律[81]に準じていると説明されているが、その原文は、「Research misconduct does not include honest error or differences of opinion」である。「悪意のない間違い」とは「オネスト・エラー」のことだ。英語の「honest」には「正直」以上の意味がある。オックスフォード英語辞典で確認すると、"morally correct or virtuous" すなわち、道徳そのものであることが分かる。オネスト・エラーは「誠実に行ったが、結果として生じた誤り」を意味する。それを「悪意のない」と訳したのは、過剰な訳としか思えない。

不正の定義に「悪意」「意図的」などの概念を加えると、法的に争うのが困難になる。証明責任は訴える方にあるため、「悪意」を証明できないと、裁判で負けてしまうことになる。理研がSTAP細胞事件の解明に及び腰だった理由の一つには、法律的に「悪意」を証明することの難しさがあったのではなかろうか。

一方、文科省の研究不正の定義には、「故意によるものではないことが根拠をもって明らかにされたものは不正行為には当たらない」という但し書きがある。「悪意」という言葉が使われていないが、「故意でないこと」を説明するのも容易でない。

ねつ造、改ざん、盗用のような重大な研究不正は、無条件に研究不正として取り扱うことが基本である。

オネスト・エラーによる論文撤回については後述する。

結論に影響しなければ問題はないか

研究不正には、誤った結論に導くような、論文の根幹に関わるデータのねつ造、改ざんもあれば、それほど重要でない脇役データの不正もある。ほんの少し、データがきれいに見えるようにお化粧しただけの改ざんもある。よく聞く言い訳は、結論に影響していないので、このくらいは問題ないという弁解である。そのような軽い気持ちで不正をしたのかもしれないが、ねつ造、改ざんが分かれば、結論に影響するかどうかは関係なく、論文は信用を失い、撤回しなければならなくなる。

阪大DNA複製研究（事例17）のデータ改ざんは、結論に関わらないような脇役のデータであった。日本分子生物学会の報告書も、なぜ不正をしなければならなかったのかと疑問を投げかけている。論文は撤回され、ASは定年を目前にして懲戒免職の処分を受けた。

間違いは許されるか

学校時代の試験を振り返ってみれば分かるように、誰でも、答えを間違えることがある。

一生懸命勉強したのに、間違えてしまった。努力が足りなかったこと、自分の実力が不足していたことを、正直に認めなければならない。しかし、カンニングが不正行為であることは誰もが知っている。

研究の世界でも、間違いは珍しくない。表の数字の入力ミス、図の取り違いなどのような単純ミスもあれば、実験条件の設定を間違えたため、おかしなデータになることもあるし、大事な現象を見逃したため、結論が間違ってしまうこともある。研究技術、概念が未成熟であったために、間違った結論を引き出すこともあろう。

研究不正をした人は、間違いであったと言い訳をするが、そのような言い訳は通らない。

3　論文の訂正

膨大な資料と実験事実をもとに書き上げる論文には、ミスがあっても不思議ではない。たとえば、写真を間違えた、有意性の計算を間違えた、表の数字を間違えた、などなどが起こり得る。一方、出版社側でも、多くの論文を扱うなかで間違いが起こる可能性もある。間違いは、次のようなカテゴリーに分けられる。

- Erratum（複数形、errata）　出版社による間違い
- Corrigendum（複数形、Corrigenda）　著者による間違い

・Addendum（複数形、Addenda） 追加、追補

論文を訂正できるのは、結論に影響しないようなマイナーな修正に限られる。しかし、結論にまで影響を与えるような重大な間違いの場合は、論文を撤回することになる。小さな間違い、オネスト・エラーであっても、研究結果に大きく影響するようなときは、撤回の対象となる。

著者からの訂正申請を受け入れるかどうかは、編集者の判断にゆだねられている。訂正と撤回では、あまりにも大きな違いである。

論文訂正の頻度

スタンフォード大学のファネリは、WoSを用いて、一九〇一年から二〇一一年までの訂正論文と撤回論文の分析を行った。[82] 図7-2の棒グラフに示すように、全科学論文は第二次世界大戦終了までは年に一〇万にもおよばなかったが、今や年二〇〇万に達するほどである。そのなかで、訂正論文数は、年によって大きく変動したものの、一九八〇年以降の三〇年間はほぼ〇・六パーセントを推移している。

4 論文の撤回

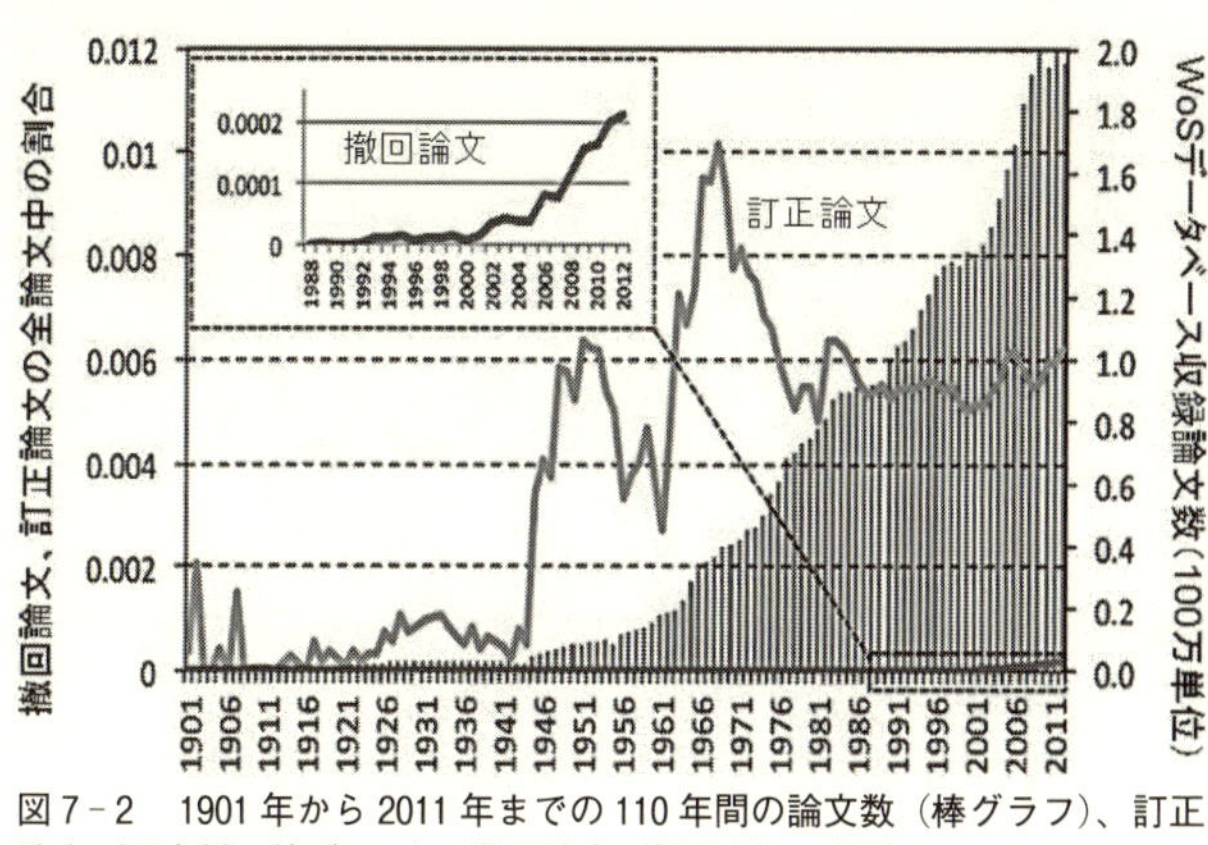

図7－2　1901年から2011年までの110年間の論文数（棒グラフ）、訂正論文（図中折れ線グラフ）、撤回論文（挿入図）の推移[82]

論文に重大な不正、あるいは重大な誤りがあると分かれば、論文は撤回（retraction）の運命を辿る。撤回論文は、データベース上で検索できるので、客観的な指標となり得る。医学系であればPubMed、科学の全分野であればWoSのようなデータベースから、撤回論文を検索できる。このためもあり、論文撤回は、多くの研究者により分析されている。研究不正の研究者、白楽ロックビルは、論文の撤回に関するレズニック（David Resnik）の分析を紹介している。[83]

オランダの出版社エルゼビアによると、撤回には次の四つのカテゴリーがある。[84]

・**取り下げ**（Withdrawal）　出版前の論文にのみ適用。投稿論文は取り下げられる。

・**差し替え**（Article replacement）　問題のある論文と修正済みの論文との差し替えを希望す

る場合。撤回と同様の手続きによって行う。元の論文と差し替えた論文が残る。

・撤回（Article retraction）　重大な研究不正など研究倫理規範に反する論文に適用。誤りを修正するために撤回される場合もある。

・削除（Article removal）　誹謗中傷、権利侵害、健康上の深刻なリスクの発生など、法的に問題があると判定された場合。論文は、タイトルと著者のみを残して、閲覧できないように削除される。

撤回された論文は、そのジャーナルのホームページには残るが、大きく「Retracted」の文字が印刷される（図7－3）。

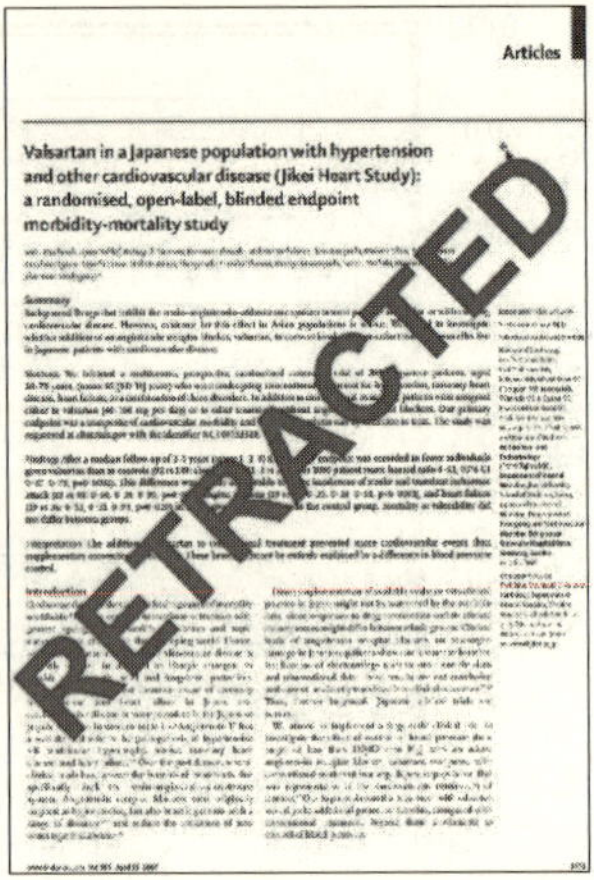

Articles

Valsartan in a Japanese population with hypertension and other cardiovascular disease (Jikei Heart Study): a randomised, open-label, blinded endpoint morbidity-mortality study

RETRACTED

図7－3　ノバルティス事件（事例19）で撤回された慈恵医大論文（Lancet誌）。"Retracted" の文字が、赤色で大きく書かれている

論文撤回の理由

研究者にとって、論文の撤回ほど不名誉なことはない。それまで一生懸命研究した結果が、「Retracted」というレッテルを貼られて、恥をさらすことになるのだ。しかし、すべてが重

Fang et al 2012　PubMed[49]

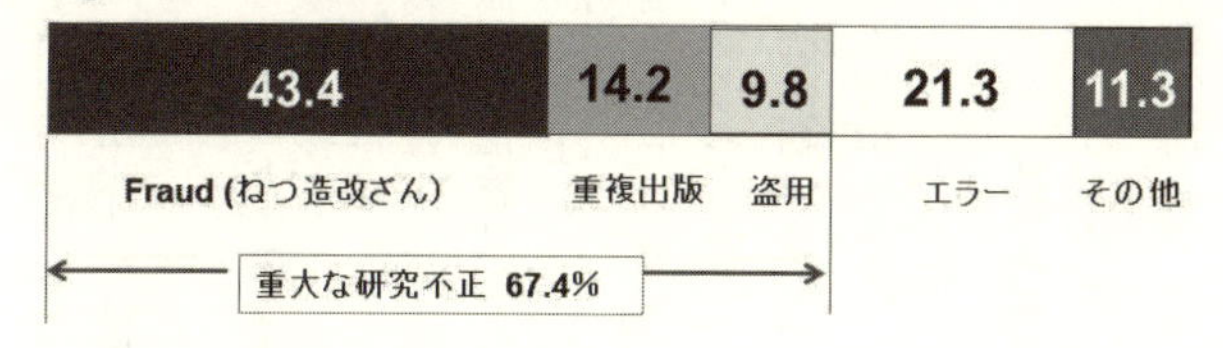

Van Noorden 2011　WoS　and PubMed[85]

11	17	16	28	11	17
ねつ造改ざん	自己盗用	盗用	オネスト・エラー	再現性なし	その他

重大な研究不正 44%

図7－4　論文の撤回理由の分析。撤回理由の70%以上が、重大な研究不正とエラーであることが分かる。この他グリーナイゼン[57]の報告があるが、理由の分類が異なるので、図に含めなかった

大な研究不正によるというわけではなく、その理由は様々である。

撤回論文については、ファング[49]、バン・ノールデン[85]（Richard Van Noorden）、グリーナイゼン[57]が撤回理由を分析している。図7－4に示すように、撤回理由の割合には報告によって幅がある。ねつ造、改ざん、盗用のような重大な研究不正について、バン・ノールデンは四四％、ファングは六七％という数字を報告している。数字がばらついているのは、撤回理由を判断するのが困難なためであろう。しかし、少なくとも次の事実は明らかである。

・ねつ造、改ざん、盗用のような重大な研究不正が、撤回の一番大きな理由である。なかでも、自己盗用を含めた盗用が少なくない。

・オネスト・エラーを含めたエラーが撤回理由の二〇から三〇%を占めている。
・図7-4には出てこないが、生命倫理違反による撤回論文も少なくないはずである。

オネスト・エラーによる撤回

研究コミュニティの人々は、撤回と聞いただけで、研究不正を思い浮かべる。しかし、四分の一ほどは、誠実に研究を行ったにもかかわらず誤った結果（オネスト・エラー）となり、撤回した論文である。このため、著者の名誉のため、オネスト・エラーによる撤回を別の名前で呼ぼうという意見がある。ファネリは、最近、「オネスト・リトラクション（Honest retraction）」という言葉を提案している。しかし、上述のように、「オネスト」の判定が困難であるのも確かである。

次に紹介するのは、オネスト・エラーの古典的な例として野口英世と新しい例としてのゲノム解析である。

事例35　熱帯病病原体に現地で挑んだ野口英世（アメリカ、一九二八年）

『背信の科学者たち』の本のなかで、野口英世（一八七六〜一九二八）がロックフェラー医学研究所とフレクスナー（Simon Flexner、一八六三〜一九四六）の支持を受けたがゆえに、エリートとして特別扱いにされ、結果として病原体分離を間違えたかのように紹介されている。[87]このことを確認するために、東大医科研時代の同僚の竹田美文に確認した。

確かに、野口が発見したという黄熱病、小児麻痺、狂犬病、トラコーマの病原体は、今では間違いであることがはっきりしている。野口の貢献として、現在でも高く評価されているのは、①進行性麻痺といわれていた患者の脳に梅毒病原体のスピロヘータを発見したこと、②エクアドルで黄熱病とされていたワイル病から病原体のスピロヘータを分離しワクチンで病気を予防したこと、③ペルーのオロヤ熱の病原体を明らかにしたことの三点であると、竹田は言う。黄熱病の病原体がウイルスであることが後に明らかになったために、スピロヘータ分離が野口の大きな間違いかのように言われているが、実は、野口は論文の中で濾過性病原体（ウイルス）の可能性について言及している。

野口は、熱帯病流行の現地で、病原体分離と予防のために力を尽くし、犠牲となった。いくつかの間違いはあるが、それらは、オネスト・エラーであった。病原体ハンターとして野口の名声を損なうものではない。

事例36　短命に終わった長寿遺伝子[88,89]（アメリカ、二〇一一年）

ボストン大学のパオラ・セバスチャーニ（Paola Sebastiani）は、一〇〇歳以上の長寿老人と普通の寿命の人のそれぞれ一〇〇〇人以上のゲノムを比較し、一九種類の長寿遺伝子を同定したとサイエンス誌に発表した[88]（二〇一〇年）。しかし、この研究に用いられたＤＮＡチップは、注意して使わないと偽陽性（false positive）の結果を出しやすいという問題のあることが指摘され、二〇一一年に撤回された。長寿遺伝子の論文は、わずか一年という短命に終わった。研究不正という汚名は免れるとしても、間違えた結果は、不正と同じ道を辿ることを忘れてはならない。学校の試験とは違うのだ。

次に示す事例は、いわば灰色の理由で撤回されたが、撤回後も引用され、生き続けていると言ってもよい論文である。

事例37　撤回後も引用され、生きている論文[90,91,92]（日本、二〇〇五年）

実在しなかった遺伝子操作マウス論文（事例15）の責任著者ＩＳは、二〇〇五年サイエンス誌に発表した論文でも、撤回に追いこまれた。脂肪組織からインスリン様の作用をもつヴィスファチン（visfatin）というサイトカインが分泌されるという、魅力的かつ重要な研究であった。[90] しかし、インスリン受容体との結合実験が標本間で一定しないなど、いくつかの問題が医学部調査委員会から指摘され、撤回した。[91] 今日では、インスリンと結合するという重要な作用は否定されているが、ヴィスファチンそのものの存在は認められている。リトラクション・ウォッチによると、サイエンス論文は撤回後も引用され続け、二〇一五年までの引用は一〇〇〇回を超える。[92] まともな論文でも、これだけ引用されるのは稀である。ヴィスファチンが今日においても重要な意味をもっていることを示している。インスリン受容体と結合するという美しいストーリーに合わせようとした実験のために、彼は重要な論文を失った。

論文撤回の手続き

論文の撤回は、論文としての死刑宣告に等しい。それだけに、その手続きには慎重でなければならない。一番問題がないのは、著者全員が撤回に同意したときである。しかし、必ずしも、全員の同意が得られるわけではない。東大分生研事件（事例20）では、筆頭著者の同意が得られなかった論文がある。ＳＴＡＰ細胞事件（事例21）でも、若山照彦がいち早く撤回を呼びかけたが、他のすべての著者たちは抵抗した。

著者間で意見が一致しないときには、ジャーナル編集者の判断で撤回することになる。レズニックによると、論文撤回規定をもつジャーナルのうち、九四パーセントは、著者の同意なしに撤回できるとしている。[84] ジャーナル側からのイエローカードに相当する懸念表明を、五三パーセントのジャーナルは、著者の同意なしに掲載できると定めている。これらの事実は、ジャーナルが、研究不正を著者や所属機関に任せておけないという危機意識の表れでもある。しかし、正式な調査委員会を立ち上げることなしに、ジャーナル側が一方的に撤回するのは、行き過ぎだと思う。

一般的に、世間の注目を浴びるような重大な研究不正は、撤回の決定が早い。たとえば、STAP論文は、発表からわずか六ヶ月で撤回された。また、論文の引用度（インパクト・ファクター）の高いジャーナルの方が、撤回までの時間が短い。撤回までの時間は、近年になって短くなる傾向があり、二〇〇二年以降は二四ヶ月である。[93] それだけ、研究不正に対して厳しくなってきたためであろう。

論文撤回の頻度

論文撤回はこの五〇年来の現象である。ファネリによると、最初の撤回論文は、一九六六年の核内RNA合成に関する論文であったという。[86] 図7-5に示すように、それから三〇年間、撤回論文は年五〇にも達しなかったが、二一世紀になってから急速に増え出した。[85] グリーナイゼンは、二〇〇一年から二〇一〇年までの一〇年間で撤回論文は一九倍も増えたと報告している。[57] リトラクション・ウォッチによると、二〇一四年には五〇〇報であった撤回論文は、二〇一五年には六八四報に達した。[94] この一年間の論文の伸び率は五％に過ぎなかった

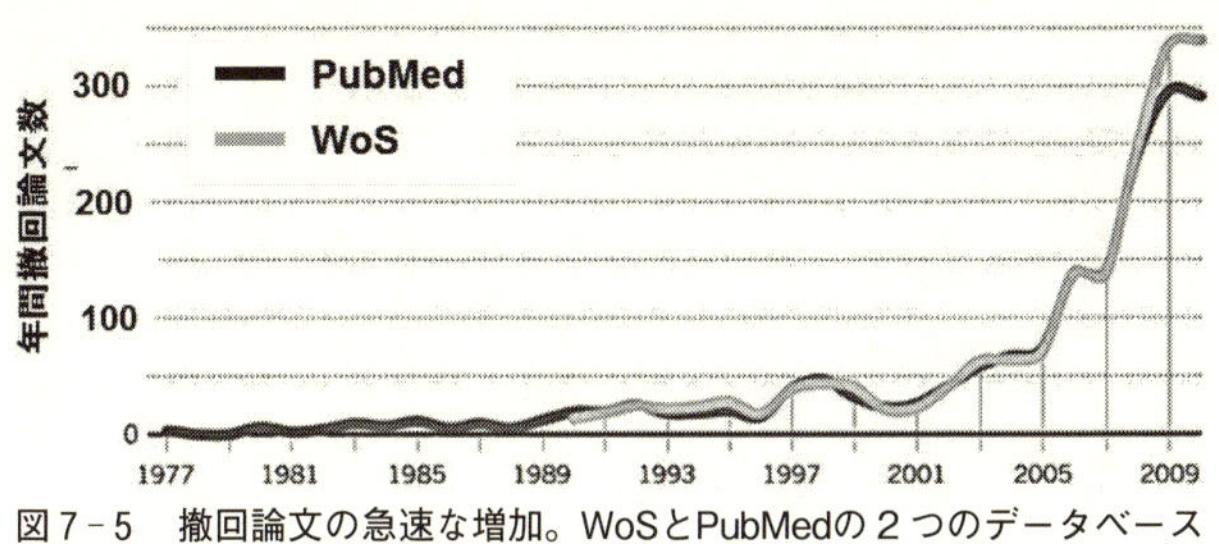

図7－5　撤回論文の急速な増加。WoSとPubMedの２つのデータベースによる[85]。2009年以降、カーブが下降しているのは、上述したように、論文撤回の最終判定に２年もかかるためであろう

のに、撤回論文は四〇％も増えたことになり、総発表論文のおよそ〇・〇二％に達している（図7-2挿入図）。

なぜ、最近になって、撤回論文が増えてきたのであろうか。最大の理由は、研究コミュニティの間に研究不正に対する意識が高まってきたことである。昔であれば、研究不正がばれても何とか言い逃れしてきたが、今は、周囲の目が厳しく、逃げられなくなった。そして、ジャーナルの側でも、論文撤回をためらわず、不正と分かれば、自らの判断で撤回するようになった。ボルト（事例23）の場合は、一八の麻酔関係ジャーナルの編集長が共同で、彼の八八の論文の撤回書類に署名している。

加えて、第六章で説明したように、研究者を監視するシステムができたことがある。研究不正を監視する研究公正局（ORI）、リトラクション・ウォッチのようなブログ、ソーシャルメディアが目を光らせている。不正操作画像、盗用を検出するソフトも使われるようになった。それなのに、研究

不正による撤回論文がなくならないのは不思議なほどである。

撤回論文ワースト・ランキング

撤回論文のブログ、リトラクション・ウォッチには、撤回論文数のワースト30が掲載されている（表7-1）。ランキングに記載されている著者名は、研究不正の責任者の名前である（必ずしも筆頭著者あるいは最終著者というわけではない）。恥ずかしいことに、日本人研究者は、ワースト・ランキングでも目立つ存在である。ワースト10の断トツ一位は、撤回論文数一八三報のYF（東邦大学、事例19）である。さらに、七位には、SK（東大、事例20）が入っている。ワースト30位までには、一一位（NM、琉球大学、事例38）、一八位（WM、鹿児島大学）、二八位（NT、大分大学）が名を連ねる。（二〇一五年一〇月現在）。このリストを見たら、人々は日本の科学と科学者はどうなっているのかと思うであろう。「リトラクション・ウォッチ」に、日本の見出し（Japan retractions）があっても、文句が言えない。国別ワースト・ランキングでは、日本は五位である（表5-2）。

論文の撤回はべき乗則に従う

客観的な数値が得られる論文撤回は、様々な角度から分析がされている。宇川彰（理研、

表7－1　リトラクション・ウォッチの撤回論文ワースト10

(X)	責任著者	国　籍	分　野	撤回論文数(Y)	事　例
1	YF	日　本	医学(麻酔科)	183	事例19
2	ボルト	ドイツ	医学(麻酔科)	94	事例23
3	チェン	台　湾	工学	60	事例31
4	スターペル	オランダ	社会心理学	55	事例29
5	マキシム	アメリカ	物性物理学	46	
6	ツォン	中　国	化　学	41	
7	SK	日　本	分子生物学	36	事例20
7	シェーン	アメリカ	物理学(超伝導)	36	事例12
9	ムン	韓　国	薬　学	35	事例31
10	ハントン	アメリカ	経営学	32.5	

2015年10月現在。撤回論文ランキングは新しい数字、事例が入るたびに更新される。X、Yは図7－6の横軸、縦軸を示す

京コンピュータ副機構長）と私は、ＷＰＩプログラム・ディレクターとして頻繁に顔を合わせ、議論するうちに、論文撤回を数学的に分析できないかと考えた（未発表）。

分析の端緒となったのは、リトラクション・ウォッチのワーストランキング（表7－1）である。われわれ自身でも、ＷｏＳデータベースから一九〇〇年から二〇一六年一月一〇日までの論文（約四七三〇万報）から撤回論文数を検索し、三五一二報の撤回論文を同定した。さらに、ステーンの論文に添付されている PubMed の撤回論文二〇四七報も分析した[93]。これらの撤回論文は、「撤回ランキング」と「撤回分布」の二つのアプローチによって分析した。前者は、撤回論文著者のランキング、後者は、撤回論文数ごとの著者数分

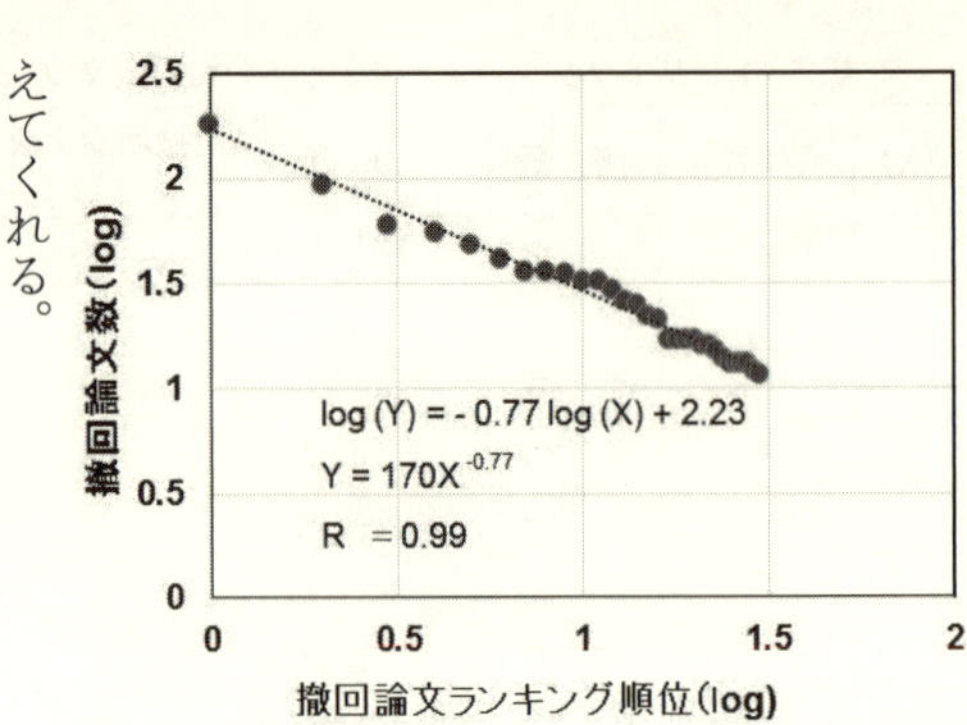

図7－6　撤回論文ワースト30にリストされている撤回論文数の対数値（縦軸）とワースト30の順位の対数値（横軸）の間には、きれいな直線関係が成立する

布である。

いずれの場合も、数値を対数に変換して、両対数グラフ上にプロットすると、きれいな直線関係が得られた（図7－6）。数式にすると次のようになる。

$$\log(\mathrm{Y}) = a\log(\mathrm{X}) + b$$

$$\mathrm{Y} = 10^{b}\mathrm{X}^{a}$$

このことは、撤回論文ランキングが、べき乗則（power law）に従っていることを意味している。

べき乗則の意味

論文撤回のべき乗則は、撤回とその背景となっている研究不正について考える際の重要なヒントを与えてくれる。

①べき乗則は、様々な社会現象（戦死者の分布、論文引用など）、自然現象（地震のマグニチュード分布、破片の大きさ分布など）にも当てはまる普遍的な数学的原則である。しかも、その指数値（上の式のXの指数a）が、論文撤回と社会・自然現象の間でほぼ一致して

いることも分かった。[95] このことは、論文撤回が社会現象、自然現象の一つと考えてよいことを示しているといえよう。さらに、論文撤回は、ランダムに起こる事象ではなく、ある法則の下に生じていることも示唆している。

②べき乗則による分布は、「パレートの分布（Pareto's distribution）」あるいは「20対80の法則」として知られるような偏った分布を意味している。よく知られている例は、「富は一部の人に集中する（The rich get richer）」である。

同じように、われわれの分析から、撤回著者の一・二〜一・九％を占める撤回論文五回以上の著者が、撤回論文全体の一〇％を占めていることが分かった。ファングは、PubMed の分析から、五回以上の撤回著者が、撤回論文の一九・一％に貢献していることを報告している。[49]

富の集中と同じような表現を使うとすると、「論文撤回はさらなる撤回を生む（Retraction makes more retractions）」ということになろう。

③「論文撤回がさらなる撤回を生む」としたら、その確率はどの位くらいであろうか。べき乗則の基に、一定時間内に撤回をくり返す確率を計算したところ、次のような確率が得られた。

・一回撤回した人（撤回著者の八五〜八九％を占める）が、五年内に撤回する確率は三〜

五％である。

- 五回撤回した人が、五年以内に撤回をくり返す確率は二六〜三七％である（数字の幅は、データベースによる違いである）。

このことは、論文を撤回した人に対して、所属機関が倫理教育を受講させ、繰り返さないよう注意を促す必要があることを意味している。

研究不正も早期発見が大事

何十というような大量の撤回論文は、どのようにして発見されるのであろうか。一つの論文の研究不正、たとえば、画像不正が見つかったのをきっかけに、過去にさかのぼって調べた結果、不正が次々に発見されるのが大部分である。発見されないのをいいことに、不正をくり返すうちに、不正論文が増えていったのである。典型的な事例は、東大分生研事件（事例20）である。二〇一二年の調査により、一九九六年から二〇一一年までの一六年間の五一報の論文に研究不正があることが判明した。早い時期に判明していればこんなことにならなかった。病気と同じように、早期発見が大事であることが分かる。発見の経過を分かりやすく図示した事例を次に示す[49]。

事例38　芋づる式に撤回された論文[49,96,97]（日本、二〇一〇年）

撤回論文ワースト一一位にランクされている琉球大学のNMは、二〇〇〇年から二〇〇九年までに発表された三二報を撤回した。疑惑のほとんどは、ゲル画像の不正である。そのなかには、琉球大の学長が共著者になっている論文もあった。

ファングは、NMの撤回論文の発表年と撤回年を分かりやすい図に示した。図7-7に示すように、二〇一〇年に論文の不正が発見されたのをきっかけに、過去一〇年におよぶ不正論文が、芋づる式に明らかになり、撤回されたことが分かる。二〇〇〇年の最初の研究不正のときに止めておけば、こんなことにはならなかったはずである。

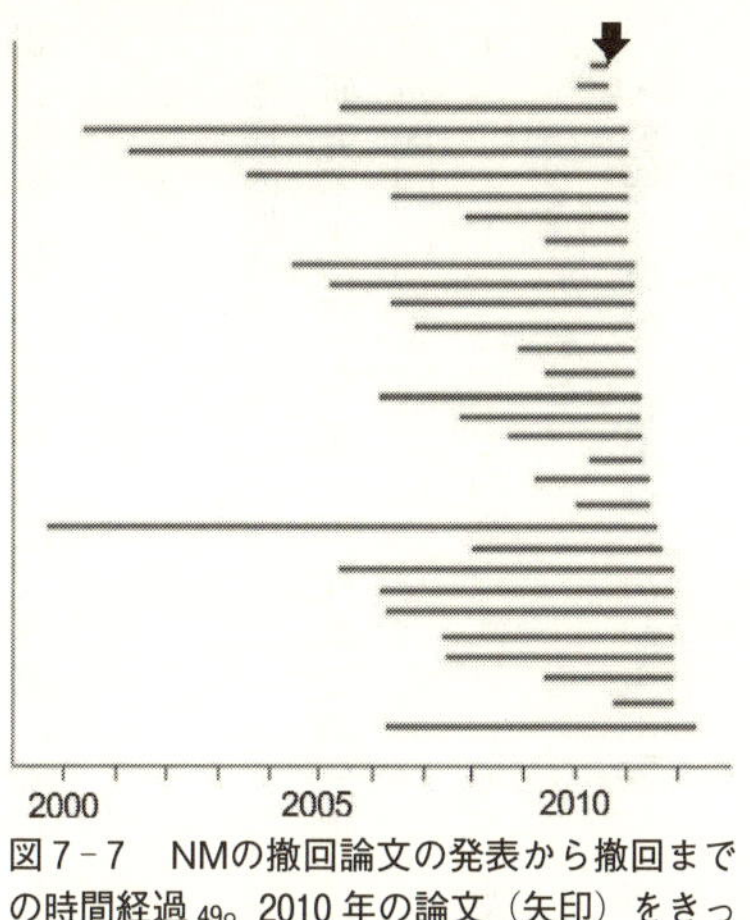

図7-7　NMの撤回論文の発表から撤回までの時間経過[49]。2010年の論文（矢印）をきっかけに、過去10年に及ぶ31報の不正が芋づる式に明らかになったのが分かる

彼の論文の多くを掲載したアメリカ微生物病学会のジャーナルは、ペナルティとして、一〇年間、同学会の発行するすべての雑誌に掲載を拒否した。しかし、停職一〇ヶ月の処分から復職したNMは、論文を別な雑誌に送り掲載された[98]。サイエンス誌の

問い合わせに、掲載誌は、慎重に審査したが問題はなかったと答えている。

5　処分

組織内処分

研究不正に限らず、不祥事の処分は、独立した自律組織としての大学などの責務である。所属機関は、調査委員会を立ち上げ、報告書を作成し、執行部が最終的に処分の内容を決定する。本人には、その決定に対して不服申し立ての権利が保障されている。処分には、次のような段階がある。

・**軽微な処分（賞罰欄への記入不要）**　次の順序で重くなる。口頭注意＜厳重注意＜訓告

・**懲戒処分**　次の順序で重くなる。戒告（譴責）＜減給＜停職＜降任＜免職

問題は、大学など研究機関の処分制度がいまだ「遠山の金さん」のお取り調べのレベルであることだ。弁護人、検事、裁判官のような分業がなく、大学執行部が検事と裁判官をかねて量刑を判断する。量刑告知の後、不服申し立て制度は設けられているが、調査過程における被告と弁護人の意見陳述はかなり限られている。このため、判定は一方的になりがちである。さらに、判例の蓄積が限られているため、事例ごとあるいは組織間で、量刑判定にばらつきを生じ、公正な判断が保証されない場合がある。

・量刑判定の揺れが著しかったのは大阪大学である。遺伝子操作動物そのものが存在しなかった事例15では、ＩＳに対する最初一年間の停職処分が二週間まで短くなった。直後の脇役データの改ざんをしたＡＳに対しては懲戒免職の判断が下された（事例17）。
・撤回論文ワースト一位のＹＦ（事例19）の場合は、所属する東邦大学が、論文ねつ造には触れずに、倫理審査委員会無視だけを理由に諭旨免職とした。諭旨免職は、本人の自発的意思による辞職（自主退職）であり、処分とは言えない。
・ＨＯ（事例21）に対する理研の処分は、まるで腫れ物にさわるように、おっかなびっくりであった。あれだけの騒ぎを起こしたのに、本人の退職後に処分手続きを取り、論文投稿費六〇万円の弁償だけで済ませた。理研は、何を恐れていたのだろうか。

研究不正が相次ぐなか、処分の内容を大学だけに任せていたのでは、公正な判断ができない恐れがある。判例の集積など、模範となるべきデータが蓄積され、利用できるような何らかの組織が必要である。といって、文科省がすべてをコントロールするような形は、大学の自治の観点から望ましくない。

社会復帰と教育的指導

普通の裁判では、被告の社会復帰を十分に考慮して、判決が下される。しかし、研究不正では、そのような考慮がされずに、厳罰主義で臨むことが多い。飲酒運転で一発懲戒免職と同じレベルのメンタリティが働いている。

不正者は、名前が出たときから社会的制裁を受けている。そのようなことも考慮し、停職期間に期限を設ける、公的活動から一定期間締めだす（debarment）などによって、反省時期を与えるなどの考慮も必要であろう。

刑事処分

研究不正は、基本的に科学者の「誠実さ（integrity）」の問題であり、倫理規範違反である。それを解決するのは、科学者自身と彼／彼女の所属する研究組織でなければならない。法を犯していない限り、警察が入るような問題でもない。その点で、研究不正は、ドーピングと似ている。ドーピングは、スポーツマンとしての誠実さの問題である。ドーピングをした選手は、出場停止になり、メダルを剥奪されるが、警察沙汰になることはない。

しかし、犯罪に仕立てようという気になれば、捜査のプロである警察は、適用できる法律の条文を探すことが可能だろう。研究のほとんどは、公的研究費を使って行われるので、研究費の不正使用を理由にすれば、犯罪として裁くことができる。幸いなことに、わが国では、これだけ研究不正が多いのに、刑事事件にいたった例はない。韓国では、黄禹錫（事例14）

が研究費横領と生命倫理法違反により、二〇一四年、実刑判決を受けた。次に示すように、アメリカでは、研究不正に対して、特に医療に関係している場合は、刑事事件として立件することに躊躇しないようである。

事例39　研究不正による最初の投獄者[99]**（アメリカ、二〇〇六年）**

ポールマン（Eric Poehlman）のねつ造を発見したのは、研究助手として雇った二二歳の青年であった。彼は、エクセルに入力されているデータが、ポールマンの仮説に沿って書き直されているのに気がつき、ポールマンをバーモント大学に告発して退職した。調査の結果、老化に関する一連の研究において、データの改ざん、存在しない患者、採取していないサンプルなどのねつ造、改ざんが明らかになった。その上、彼は、そのようなデータを用いて、二九〇万ドルもの研究費を得ていた。二〇〇六年、裁判所は、禁固一年と一日の刑を言いわたし、収監した。ポールマンは、研究不正による最初の収監者となった。

事例40　巨額の罰金と四年九ヶ月の実刑[100]**（アメリカ、二〇一五年）**

ドンピョウ・ハン（Dong-Pyou Han）のエイズワクチンねつ造は、あまりにも単純な手口であった。それなのに、彼に科せられた刑は、罰金の額も、禁固刑の期間もあまりにも重かった。研究不正が割に合わないことを示すのに、これほどの事例はないであろう。

韓国延世大学から二〇〇一年アイオワ州立大学に移ったハンは、韓国系のボスのチョー（Cho）の右腕として研究をしていた。彼は二〇一〇年、広範なＨＩＶに対するウサギの抗体を作成したと発表した。しかも、ヒトのエイズワクチンとしても応用できるという。この研究でハンは、一〇〇〇万ドル（一二億円）の研究費をＮＩＨから獲得した。何回もシンポジウムに招待されて講演をしたが、論文としての発表はなく、学会の抄録のみであった。二〇一三年、追試ができないところから、ハーバード大の研究者が公益通報した。その結果、既知のヒトあるいはウサギの抗体をウサギの血清に混ぜていたことが判明した。あまりにも単純な、子供だましのような手口である。

裁判の判定は厳しかった。二〇一五年、アイオワ州の裁判所は、ハンに罰金七二〇万ドル（八億六〇〇〇万円）、四年九ヶ月の実刑を言いわたした。六〇歳に近いハンに、これだけの罰金を払い、刑期を終えるだけの気力が残っているのであろうか。

免許取り消し

健康被害をおよぼすような研究不正をした医師に対しては、医師免許取り消しの処分が下されることがある。三種混合ワクチンが、自閉症の原因であると主張したウェイクフィールドと上司の教授は、二〇一〇年、英国の医師免許を取り消された（事例10）。彼の不正論文の結果、ワクチンを拒否する親が続出し、その後の麻疹流行となったのだから、医師免許を取り消されても仕方がないであろう。アメリカにおける研究不正追及のきっかけとなったダーシー（事例7）は、三六歳でニューヨーク州の医師免許を停止されている。

わが国では、医道審議会が医師免許取り消しの審議を行う。その対象は、「医事」であるので、研究不正をしても、直接医事に関係しなければ、取り消しの対象とならないであろう。実際、これまで、研究不正で免許取り消しになった人はいない。

裁　判

裁判の場にもちこまれた結果、研究不正の疑いが晴れた事例もある。次の二つの事例に共通しているのは、二人とも、研究所あるいは大学を代表する立場にあり、加えて、ボルチモアは議会で政治家から、ＡＩは大学の同僚から厳しい追及を受けた。両者ともかなり複雑な内容と経過であるが、簡潔にまとめてみよう。

事例41　一〇年後に無罪判決となったノーベル賞受賞者[101]（アメリカ、一九九六年）

一九八〇年代から九〇年代にかけて、ボルチモア（David Baltimore）、イマニシ＝カリ

(Thereza Imanishi-Kari)、オトゥール(Margo O'Toole)の名前と写真は、ネイチャー、サイエンスなどのジャーナルに毎月のように、くり返し登場した。研究不正に特別な興味をもっていなかった私は、ときどき斜め読みする程度であった。

問題の論文は、一九八六年セル誌に掲載された。イマニシ＝カリを責任著者、ボルチモアを共同研究者とする論文である。イマニシ＝カリは、日系ブラジル人、サンパウロ大学を卒業後、京都大学、ヘルシンキ大学でキャリアを積んできた。ボルチモアは、逆転写酵素の発見による一九七五年ノーベル医学賞受賞者、当時MIT(マサチューセッツ工科大学)の研究所長であった(逆転写酵素発見物語は、『がん遺伝子の発見』[2]に詳しく紹介した)。論文は、免疫応答の際、遺伝子の再構成により、多様な抗原に対応する抗体が生成されるという、免疫学の最先端の研究であった。そのメカニズムを明らかにした利根川進は、一九八七年ノーベル医学賞を受賞している。

発端は、イマニシ＝カリのポスドクのオトゥールが、論文のデータはイマニシ＝カリの実験ノートとは違うし、再現できないと告発したことであった。著名なボルチモアが研究に加わっていたところから、この事件は世間の注目を一気に集めた。オトゥールの告発は、民主党下院議員のディンゲル(John Dingell)の知るところとなり、ボルチモアは、議会の委員会で、厳しい追及を受けた。一九九一年、イマニシ＝カリは、改ざんにより一〇年間の研究費停止処分になった。伝統あるロックフェラー大学の学長に任命されて間もないボルチモアは、辞職せざるを得なかった。

一九九六年、イマニシ＝カリ・ボルチモア事件は大逆転を迎える。連邦最高裁判所は、この事件のすべてをシロ、無実という判定を下した。イマニシ＝カリは、タフツ大学に晴れて職を得た。ボルチモアは、カリフォルニア工科大学の学長になった。

一〇年におよぶこの事件は多くの教訓を残した。不正の告発が必ずしも正しくないこと、政治家が絡んだときの対処方法、研究不正に対する政府の役割など、われわれは、いまだそれらに対する的確な解決策をもっていない。研究公正局（ＯＲＩ）は、この事件の反省から生まれた組織である。

事例42　大学総長にかけられた疑惑[24、45、102、103、104]（日本、二〇一五年）

東北大学総長のＡＩをめぐる研究不正問題は、外から見ていて、みっともない感じがした。同じ大学の教授数人が、ネット、出版物、記者会見などあらゆる手段を使って、総長と彼の執行部を執拗に追及したのである。彼らの執拗さがどこから来るのか。研究不正の追及だけではなく、何か恨みがあるのではないかと思わせるほどであった。

ＡＩは、「バルク・メタリック・ガラス」の研究で世界に知られた材料科学者である。金属は、普通結晶からできている。しかし、特定の金属合金を過冷却させると、結晶構造をもたず、元素が不規則に並んだ無定形（amorphous）のガラス状構造を取る。このような「メタリック・ガラス」は、強固な性質をもつため、広い範囲の応用が可能になる。二〇〇七年、AIの論文にねつ造があるという匿名の告発が文科省に寄せられた。東北大学は、最高責任者である総長の疑惑を否定した。二〇〇九年、学内の教授三人がAIを告発し、同時に、ネット上に告発文を載せた。告発者は、AIの専門からほど遠い経済学関係者であった。それに対して、大学側は問題がないという調査報告書を発表した。ネイチャー誌は、大学のトップに対する調査の問題点を指摘した。[102]

AIに二一億円の研究費（一九九七〜二〇〇七年）を出しているJSTは、二〇一一年、調査委員会を立ち上げた。調査委員会は、AIの研究の意義を認めつつも、「類似の論文が多数報告され、中には不適切な使い回し、あるいは、二重投稿がなされていることは、明らかに不適切な行為である」「非常に多数の論文が報告されているが、各論文の新規性が必ずしも明確に記述されているとはいえない」などと報告した。[104] 同時に、このような調査を助成機関が行うのは相応しくないとも書き添えた。

二〇一二年、東北大は、有馬朗人（元文部大臣）を委員長とする調査委員会の報告書を発表した（第四章）。二重投稿を主な問題として取り上げたこの調査委員会は、AIが先行論文を引用することなしに、二重に論文を書いていることを指摘した[24]。

再現性を追及されたＡＩは、実験ノートとサンプルは、帰国した中国人留学生が海に落としたと説明した[45]（第四章）。あり得ないわけではないが、そのような説明は、かえって不審を招くだけである。

二〇一〇年、ＡＩは、ネット上で名誉を毀損したとして告発者を提訴した。それに対して、告発者側が反訴し、泥仕合の様相を帯びてきた。二〇一五年二月、仙台高等裁判所は、「ねつ造、改ざんが認められるとは言えない」として、一審に続いて、告発者の名誉毀損を認めた。裁判ではＡＩの勝利に終わった。

われわれから見ても驚くのは、ＡＩの発表論文の多さである。二五〇〇報以上の論文を発表している。一般的に、材料科学の世界は、新しい材料を作るとすぐに発表するので論文が多いが、ＡＩの論文数は群を抜いている。こんなに多いと間違いが起こっても不思議ではない。実際、ＪＳＴの調査委員会に提出された七四八報の論文のうち六〇以上が重複していたという。どこに発表したデータか分からなくなり、使い回し、二重投稿があったとしても不思議ではない。論文の量産は、結果としてずさんな論文を作ることになり、ＡＩはそれに足を引っ張られたといいえる。

6　研究不正のコスト

研究不正は、財政的にも大きな損失を伴う。

(1) 研究費の無駄

サイエンスは、ますますお金がかかるようになってきた。たとえば、東大分生研のSK(事例20)には、一五億円の研究費が支払われていた。結局は、東大が、SKに代わって国家に返還することになろう。しかし、その原資は国民の税金である。これだけを見ても、研究不正は、犯罪と言ってもよい。そのような大金を使って行った研究も、論文撤回となれば何も残らないのだ。

(2) 追試のための費用

不正研究のインパクトが大きい場合には、世界中の研究者が追試確認しようとする。ネイチャー、サイエンスなどのジャーナルに次々に発表されたシェーンの超伝導研究(事例12)は、世界の超伝導研究者を巻きこむフィーバーとなった。『論文捏造』によると、世界中で一〇〇以上の研究室が追試を行った。谷垣勝己が追試に使った研究費だけでも二〇〇〇万円くらいになるという。世界中では、数十億円にのぼるであろう。そして、追試を試みた研究者たちの時間と失望。これほどの無駄はないであろう。シェーンは、研究不正によって世界の超伝導研究の研究費と時間を無駄にしたのだ。

（3）調査費用

研究不正が通報されたとしよう。その瞬間から所属する研究機関は相当の時間と労力、そして費用を覚悟しなければならない。ロズウェル・パークがん研究所（ニューヨーク州バッファロー市）が、同研究所の研究不正事件の調査費用について報告している。[105] 副所長を委員長とする委員会が設置され、一〇〇時間を超す会議が開かれた。すべてを合計すると五二万五〇〇〇ドルかかったという。

第八章　研究不正をなくすために

逆境が人に与える教訓ほどうるわしいものはない
シェークスピア『お気に召すまま』第二幕第一場（小田島雄志訳）

研究不正をなくすためには、どうしたらよいだろうか。研究室の壁に「べからず」の並んだ標語を貼れば、みんな守ってくれるであろうか。研究者全員に、研究倫理のセミナーを受けさせて、文科省に報告するだけで大丈夫であろうか。研究不正を行った者に対して厳罰主義で臨み、研究コミュニティから追放すればすむ問題であろうか。

多くの社会的な不正事件と同じように、研究不正に対しても、これさえ守ればというような妙案があるわけでもなく、すぐに効果が上がるような妙薬があるわけでもない。研究者の心に内在している競争心、自らのストーリー通りに自然を解き明かせるという思い上がり、科学コミュニティの主導権を握ろうという野心、若い研究者を思うがままに使おうとするトップダウン運営などなど、様々な要因が複雑にからみ合い、不正にいたる。その意味で、研究不正は、研究と研究者に潜在する内面の問題に起因する。研究組織のもつ管理運営の脆弱性が加わり、不正は社会問題となる。

最後に、研究不正を防ぐために、われわれは何をすればよいかを考えてみたい。それは、科学だけではなく、社会のあちこちで見られる不正を防止するためのヒントになるはずだ。

1　研究倫理教育

すべての間違いや不正には、最初の一歩がある。軽い気持ちで行ったデータの「お化粧」が、慣れてくるうちに、重大な研究不正へとつながっていく。病気と同じように、ごく初期段階で予防できれば、大病につながることはない。そのためには、研究者に対する研究倫理教育が大事となる。代表的なテキストは、二〇〇〇年にアメリカで開発されたCITIプログラム（Collaborative Institutional Training Initiative）である。すでにその日本語版、eラーニング教材が開発されている。

リトラクション・ウォッチや白楽ロックビルのブログを見ていて気になるのは、日本人の若い研究者が、留学中に起こす研究不正である。その大部分は、推察するに、大学の臨床研究室からポスドクとしてアメリカに留学中に起こした研究不正であろう。彼らの出身大学は、千葉大、長崎大、香川大、岐阜大、九大、東大などに広がっている。このような状態が続くと、外国では、日本人ポスドクは危なくて雇えないということになりかねない。ただでさえ、研究不正の多い医学の世界である。ふだんからの倫理教育に加えて、留学直前に再教育をすべきである。

2　若い研究者だけの問題ではない

スペクター、シェーン、STAP細胞事件のHOのような三〇歳前後の若い研究者による研究不正（表5-1）が強い印象を与えているため、研究不正は若い研究者によって起こされると思いがちである。もちろん、研究を始めたばかりの若い人たちに、研究倫理の講義をして、研究不正がいかに愚かなことであり、職業人として破滅にいたる道であるかを認識させることは大事である。

しかし、多くの事例を見てくると、研究不正は、未熟な若い研究者だけの問題ではないことが分かる。指導者自らが不正の指導を行っていた事例としては、ドイツのヘルマンとブラッハ（事例9）、幹細胞研究の黄禹錫（事例14）、DNA複製研究のAS（事例17）、東大分生研のSK（事例20）、催奇形性薬剤のマクブライド（事例24）、社会心理学者のスターペル（事例29）などがある。これらの事例のいくつかでは、不正に気がついた大学院生などの若い研究者が、注意し、最後には通報することで明らかになっている。若い人のもつ正義感は、社会のどのような不正を暴く上でも重要である。

研究倫理教育は、若い人だけではなく、全研究者を対象としなければならない。

3　研究不正の「ヒヤリ・ハット」

ちょっとした病院であれば、医療事故を防ぐために様々な工夫をしている。そのなかの一つに、「ヒヤリ・ハット」検討会がある（図8-1中）。医師、看護師など医療従事者が、「ヒヤリ」とした経験、「ハット」した症例をもち寄り検討する会である。薬を間違えそうになった、右左を確認しなかった、注射針を刺しそうになったなどの経験を共有することにより、重大な医療事故の予防につなげている。

労働災害の分野では、ハインリッヒの法則（Heinrich's law）がある（図8-1右）。重大な労働災害一件の背景には、二九の軽微な事故があり、三〇〇の異常があるという経験則である。重大な労働災害を防ぐためには、軽微な事故を防ぎ、誤りをしないような労働環境を作らねばならないという教えである。

ねつ造、改ざん、盗用のような重大な研究不正を経験している人は、一・九七パーセントにのぼる（第三章）。さらに、研究者として何らかの不適切な行為をしたことがある人は、

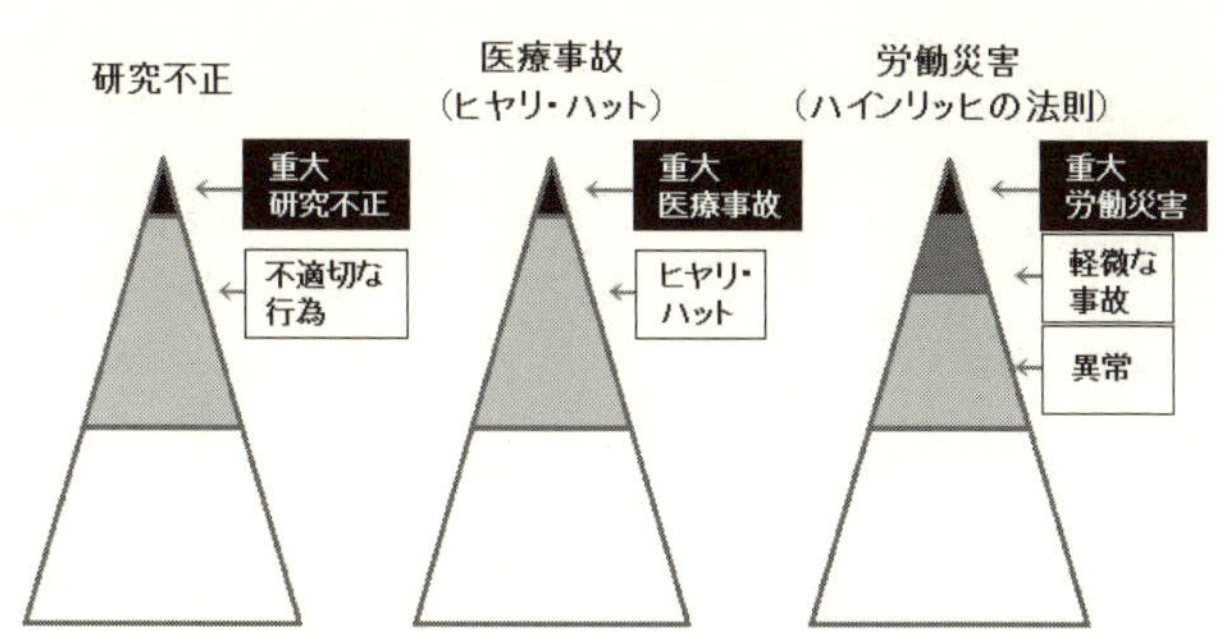

図８－１　研究不正（左）も、医療事故（中）も、労働災害（右）も重大事故の底辺に軽微な事故がある。「ヒヤリ・ハット」事例の検討によって医療事故が減少したように、軽微な事故と異常を減らすことによって重大な労働災害が減少したように、研究不正を防ぐためには、研究者としての不適切な行為に目を光らせることが大切である

三分の一に達するというのだ（第四章）。研究不正は、重大な研究不正と不適切な行為の二層のヒエラルキーから構成されていると考えた方がよい（図８－１左）。重大な研究不正をなくするためには、研究者としての不適切な行為を減らしていくことが大切である。病院の「ヒヤリ・ハット」検討によって、医療事故は減っていることから学んでほしい。

４　風通しのよい研究室運営

私は、東大分生研事件（事例20）の再発防止取り組み検証委員会の委員長として、その詳細を知ることができた。旧知のＳＫの不正行為を聞くのはつらいことであったが、そこで学んだのは、研究室運営がいかに重要であるかであった。適正に運営されている研究室では、不正は未然に防げるが、間違った運営をすると不正の温床になりかねない。

第五章でも紹介したように、ＳＫの研究室では、教授を中心に、研究室の准教授、講師が一緒になって、研究不正を大学院生らに強要した。大学院生たちは萎縮し、不正とは分かっていても、言うなりのデータを出すほかなかった。大学院生たちに自由はなく、他の研究室の院生に相談することも許されなかったという。このような閉鎖的な環境のなかで、不正が積み重ねられていった。

このような研究室は、競争の激しい研究分野では決して珍しくないはずである。億を超えるような大型研究費を取ってくる教授、超一流ジャーナルに連続して論文を出すことを至上命令としている研究室、弟子を束縛しすべてを自分で決める教授、成果が出ないと怒鳴る教授、アカハラ、パワハラなどなど。このような研究室は、研究不正の予備軍である。

東大分生研では、その反省から、研究室を越えた学生と教員の交流の場を設けている。このような交流は、研究不正だけではなく、分野を越えた新たな研究を進める上で、非常に重要である。私がプログラム・ディレクターを務めるＷＰＩプログラムでは、融合研究を促進するため、そのような交流の場を設けるよう各拠点に求めている。

閉鎖された環境、自由に意見が言えない雰囲気は、研究不正を醸成しかねない。研究者同士が自由に意見を交換できる「風通しのよい」研究室が、研究不正を防ぐ上で重要であることを強調しておきたい。

最近、新聞を読んでいるとき、既視感のある表現を目にした。東芝の不正会計が、「歴代社長の圧力（により）、……『社長の要求に応えるためには損益調整もやむなし』という状況下で起こった」というのである。[106] ほとんど同じ文章が東大分生研事件（事例20）の最終報告書に書かれていたのを思い出した。大企業でも、零細企業レベルにすぎない研究室でも、同じような環境が不正の背景にあることが分かった。トップと組織の責任が問われるのは、当然である。

東京オリンピックのエンブレムが問題になったとき、私には、KSの作品がベルギーの劇場のロゴをコピーしたものとは思えなかった。しかし、その後、彼の主宰するデザイン事務所から、疑う余地のないコピー作品、写真の無断借用が次々に明るみに出るなかで、KSのオリジナルに対する考えが非常に甘いことが分かってきた。ボスが不正に対して甘い態度を見せると「文化」となり、若い人たちも、「このくらいはいいだろう」と甘くなってしまう危険がある。指導者は、常に厳しい姿勢を示さなければならない。

5　共有化の確保

どこの研究室でも、ジャーナルクラブとプログレス・レポートの会議を定期的に開催し、最新の情報と研究室内の研究の進行状況の共有に努めている。それでも、実験ノートの共有化まではできていないのが現状である。

ＳＴＡＰ事件のとき、笹井芳樹が、記者の質問に対して、独立した研究者のノートを見せろというわけにはいかないと言ったのが、記憶に残っている。研究の現場にいた人間として、その感覚はよく分かる。大学院生ならともかく、一人前の研究者には、なかなかノートをもってこいとは言えないのは確かだ。しかし、同時に明らかになったのは、指導者である笹井芳樹も若山照彦も、ＨＯのノートを見ていなかったことが、彼女の暴走を許したことである。もし、二人が、実験のたびにノートに目を通し、データを共有していたらＳＴＡＰ細胞事件は起こらず、日本の科学が信頼を失うこともなかったであろう。

データの共有化のお手本は、病院の電子カルテシステムである。今、どこの病院でもカルテはデジタル化され、いつでも過去の検査成績、心電図、ＣＴ画像などが呼び出されるようになっている。患者情報は、医師、看護師、薬剤師などすべての関係者間で共有されている。電子カルテは、情報をデジタル化したというだけではなく、医療の質を保証する重要な手段なのだ。

実験ノートも、電子カルテシステムにならって、デジタル化し、研究室内で共有できないであろうか。画像、測定のデータなどはすべてデジタル化されているし、研究者は技術を得意としているので、デジタル化そのものには抵抗がないであろう。問題は、それに伴う費用であるが、研究の根幹に関わることだけに実現してほしいと思う。

東大分生研では、事件の反省から、論文の投稿に際しては、論文に掲載された図のオリジナルデータの提出を義務づけ、研究所のサーバーに保管することにした。研究不正に対処するためには、それなりの資本の投入が必須である。結局はその方が安く上がることになるのだ。

情報の共有化は、研究不正に限らず、あらゆる不正、事故、誤りを防ぐ上で基本的な条件である。東京電力福島第一原発の故・吉田昌郎氏に対する政府の聴取結果書（吉田調書）をめぐる朝日新聞の誤報は、二人の取材記者の間だけで情報がとどまっていたことが、一つの原因であった[107]。

6　研究組織の責任

研究不正の責任は、研究組織にある。文科省のガイドラインは、不正を防止するための対策を取ることを研究機関に求めている。日本学術振興会、ＪＳＴなども、研究費交付に際して、研究倫理教育の受講を条件としている。実際、わが国の研究機関は、遅ればせながら、研究不正に対する体制を整えつつある。大学には、研究公正室が設置されている。

新たに、教授、准教授などの研究者を雇用するとき、当然のことながら、業績に注目して採用する。同時に、研究不正、撤回論文、ハラスメントなどの情報についても考慮してほしい。東大分生研は、教授、准教授の採用の際、そのような情報を、周囲の人から集めるようにしているという。

7　大学のガバナンスと学問の自由のバランス

ＳＴＡＰ細胞事件のとき、理研は組織としての体をなしていないという批判を受けた。企業など民間の人から見れば、理研のガバナンスはどうなっているのかと思われても仕方がなかった。理研の名前で出される論文であれば、理研が前もってよく内容を吟味し、理研の責任において発表を許可すべきだという主張も聞いた。

学術の世界で長い間生きてきた一人として思うのは、組織による厳しい統制は、学問を殺すことになりかねないことである。研究には、何よりも個人の自由な発想が大事である。学問の自由を担保するためには、研究機関はゆるい組織でなければならない。研究者への統制は最低限にとどめ、あとは研究者自身の自由な発想に任せることが大切である。われわれは、政治家や官僚が、研究不正を口実に学問の自由に口をはさむのに注意しなければならない。

大学に比べると、民間のガバナンスはしっかりしているのは間違いない。しかし、それだからといって、不正が防げるわけではない。むしろ、それが仇となって、組織的不正に拡大する危険性がある。東芝の会計不正、フォルクスワーゲンの排気ガス測定ソフトの不正がそのよい例である。幸いなことに、研究機関のゆるい組織構造は、研究不正がもし起こったとしても、単発の現象にとどまり、組織ぐるみということにはならない。

とはいうものの、上に述べたように、大学などの研究機関は、一定の責任をもつのは確かである。問題は、組織としてのガバナンスと学問の自由のバランスのとり方である。研究機関の執行部は、まさに良識が問われている。

8　それでも研究不正はなくならない

不正対策が進めば、いつか研究不正がこの世からなくなるであろうか。リトラクション・ウォッチや白楽ロックビルの「研究倫理」ブログに登録していると、毎日のように、新たな研究不正の事例、撤回論文のリストが送られてくる。同じような不正がくり返されることに、あきれるばかりである。社会的な不正がくり返されるのと同じように、これからも研究不正はくり返されると思わざるを得ない。研究不正がなくならないと思う理由をあげてみよう。

①研究不正の基本にあるのは、周囲からの様々な圧力、ストレスに加えて、競争心、野心、功名心、出世欲、傲慢さ、こだわり、思い上がり、ずさんさなど、われわれ自身が内包

しているような性（さが）である。そのような背景は、社会的な不正と共通している。研究不正がなくなるなどと言うような楽観的な考えにはなれない。
②研究不正の一つの結果としての論文撤回は、べき乗則にしたがうことが明らかになった。このことは、研究不正が偶然起こるようなランダムな現象でないことを示唆している。
③研究不正に関してよく聞かれる質問は、「稀な傷んだリンゴ」か「氷山の一角」に過ぎないかである。不正が追及されるのは、ごく一部の目立った論文であり、ネイチャーやサイエンスのような一流ジャーナルが多いことを考えれば、「氷山の一角」に過ぎないと考えた方がよいであろう。目立たないところで、一人ほくそ笑んでいる不正者がいるに違いない。

「氷山の一角」に過ぎず、なくならないであろうが、それでも、研究不正は何とかして防止しなければならない。二一世紀に入ってから、事例であげたようなとんでもない不正が相次いだのは、研究不正に対してわれわれが、あまりにナイーブでありすぎたことにも一因がある。遅まきながら、その重要性に研究者と社会が気がついた今、われわれは、研究不正をなくす方向に一歩踏み出そうとしている。次の一〇年間で、研究不正が、量、質ともに改善されることを期待したい。

おわりに

わが国は、いつの間にか、研究不正大国になってしまった。これまで、科学者は研究不正を深刻にとらえず、政府も科学コミュニティも積極的に対策を立ててこなかったことが、二〇〇〇年以来急速に不正が増えてきた理由の一つである。そして、わが国の研究不正は、二〇一四年にピークを迎えた。

しかし、二〇一四年の不幸な事件は無駄ではなかった。ノバルティス社は、事件を反省し、医師に対する姿勢と、製薬会社としての企業文化を変えた。その変化は、外資系企業から国内の製薬業界に広がりつつある。STAP細胞事件の影は、今でも、われわれ研究者の心に、重くのしかかっている。しかし、われわれは、二〇一四年の不幸な経験を共有し、不正のもつ重大な意味を再認識し、立ち上がろうとしている。その意味で、STAP細胞事件の主役HOは反面教師として偉大な存在であった。

本書もまた、STAP細胞事件に触発されて執筆を開始した。もともと、前著『iPS細胞』の一つの章にと思って書き始めたが、問題の大きさに気がつき、一冊の本としてまとめることになった。私は、一年前まで、研究不正についてそれほど関心があったわけでもなく、真剣に考えたこともなかった。しかし、本を書き始めると、欧米では研究不正に関して、非常に多くの研究が行われているのに驚いた。一方、わが国発の研究不正に関する文献はほとんどない。研究不正は、いわば、あってはならない、隠しておきたいものとして、白楽ロックビル氏など少数の例外を除き、わが国では、誰もまともに取り上げ、研究しようとしなかったのではなかろうか。それが、研究不正を蔓延させた一つの背景になっている。

不正事例を四二も取り上げたのは、研究の場で何が起こっているのか、臨場感をもって不正を理解してほしいと思ったからである。研究者として、誠実で責任ある行為とは何かを、これらの事例を反面教師として学んでほしい。

事例を書くにあたっては、常に一次資料を参考にするように努めた。大学、学会などから正式な調査報告書が出ている場合は、それらを中心にまとめた。また、客観的にまとめられた成書も、一次資料として扱った。たとえば、事例8のエイズウイルス発見疑惑[75]、事例11の旧石器ねつ造事件、事例12の超伝導ねつ造事件、事例14の黄禹錫事件、事例18のノバルティス事件、事例21のSTAP細胞事件などである。ウィキペディアも重要な参考資料であった。特に英語版のウィキペディアは、日本語版よりも情報量が多く、参考になった（ただ、参考にしたウィキペディアの項目については、あまりに多岐にわたるため引用していない）。ブログでは、広範な資料を駆使したリトラクション・ウォッチと白楽ロックビル氏の「研究倫理（旧名白楽ロックビルのバイオ政治学）」が、大いに参考になった。氏のブログは、引用資料の一〇パーセントを占めている。研究不正に関してはネット情報があふれているが、目を通しても参考にとどめた。

本書は、発表された業績をまとめたいわば総説であるが、これまでの成書にない視点も盛りこんだつもりである。それは、研究者の視点である。研究不正はあってはならないことであるが、それを強調するあまり、研究者を萎縮させたり、彼ら／彼女らの自由な発想を妨げてはならないと考えている。

もう一つの観点は臨床医学である。本書でもくり返し強調したように、医学研究の研究不正には目に余るものがあるが、その一方、診療現場では、医療ミスをなくすために、様々な対策が取られている。第八章で述べたように、電子カルテによる患者情報の共有化であり、病棟における「ヒヤリ・ハット」事例の分析などの対策である。このような経験が、研究現場で生かされれば、研究不正を大幅に少なくすることができるであろう。

本書には、一つだけオリジナルな分析がある。それは、撤回論文の数学的分析である（第七章）。リトラクション・ウォッチのワースト・ランキングを眺めているうちに、べき乗則が適用できるのに気がついた。さらにWPIプログラム・ディレクター代理としていつも一緒に仕事をしている、理研・計算科学研究機構（京コンピュータ）副機構長の宇川彰博士の助けを借りて、数学的な分析を進めることができた。この仕事は、オリジナルな論文として発表することを考えている。

これまでの本と同じように、本書でもたくさんの人のお世話になった。カレルの細胞寿命（事例2）では、ヘイフリック先生（カリフォルニア大学教授）と久しぶりにメールで旧交を温めながら、五〇年以上前の証人についての貴重な情報を得た。ルイセンコ（事例3）については、メキシコ大学のラズカノ教授から、ルイセンコとオパーリンと一緒に食事をしたという、信じられないようなエピソードを教えてもらった。アルサブチ（事例5）の論文丸ごと盗用は、東大医科研の教授総会で大きな問題になったので、よく覚えている。当時、所長であった積田亨先生と久しぶりにお会いし、その頃の思い出話も含めて、いろいろ教えていただいた。アルサブチについては、『背信の科学者たち』のなかで、「吉田博士の一九七七年の論文を剽窃」と書いてあるが、どこの吉田博士か分からなかった。スキー仲間で元国立がんセンター病院の大倉久直博士が、同内科の吉田孝宣博士であることを突き止めてくれた。この三つの事例は、おそらく、今回初めて明らかになる証言ではなかろうか。

最大の研究不正事件と言われるシェーン（事例12）については、彼の研究上のライバルであった谷垣勝己教授（東北大学、WPI-AIMR）から、詳しい話を聞くことができた。番組を作り、本を執筆したNHKの村松秀氏には原稿に目を通していただいた。

疑惑のもたれた実験の追試には、想像以上の苦労があるに違いない。その話を、RNA実験疑惑（事例16）で自ら追試を行った横山和尚博士から聞くことができた。彼は、実験の再現性を証明したにもかかわらず、理研を辞任するという二重の苦労に直面した。横山博士は、現在台湾で研究を続けている。

ノバルティス事件（事例18）では、私が東大医学部保健学科（当時）の教授を兼任していた頃の同僚であり、わが国の臨床研究のあり方について厳しい発言を続けてきた統計学者の大橋靖雄博士と久しぶりにお会いし、問題点を教えていただいた。ノバルティス社の原健記氏と宮崎尚氏からは、事件後の同社の取り組みをお聞きした。STAP細胞事件（事例21）では、渦中の若山照彦教授を山梨大学に訪ね、思い出したくもないという当時の話を聞くことができた。東大医科研のがん免疫治療に対する朝日新聞の報道（事例33）については、同研究所の上昌広特任教授からお話を聞き、資料をいただいた。野口英世の研究（事例35）については、医科研時代の同僚竹田美文博士（現野口英世記念館館長、元国立感染症研究所所長）に教えていただいた。

たくさんの研究不正の事例を調べるうちに、数学には不正が少ないことに気がついた。なぜ少ないのか、その解析は他の分野の不正防止策につながると考えて、二人の数学者、小谷元子教授（東北大WPI-AIMR機構長、日本数学会理事長）と前島信博士（慶應義塾大学名誉教授、日本学術振興会グローバル学術情報センター長）と議論し、メールのやり取りを重ねた。

私は、前著『知的文章とプレゼンテーション　日本語の場合、英語の場合』（中公新書、二〇一一年）のなかで、最後に第三者に原稿を読んでもらうことの重要性を指摘した。間違っている記述、独りよがりの思いこみ、分かりにくい表現、抜けている点がないかなどについて、今回も次の方々に全編を通して読んでいただいた。宇川彰博士（上掲）、小谷元子教授（上掲）、大隅典子教授（東北大学大学院医学系研究科、神経科学）、白楽ロックビル博士（お茶の水女子大学名誉教授、本名林正男、ペンネームは生まれた横浜の住所とアメリカで住んでいた住所に由来する由）、馬場錬成氏（元東京理科大学教授、元読売新聞論説委員）。超多忙のなか、時間をとって読んでいただいた諸氏に改めて感謝したい。

『iPS細胞』に引き続き、中学高校時代からの親友、永沢まこと君に人物イラストを描いていただいた。「開成新聞」で文を書き絵を描いていた二人が、高校卒業六二年後に、再び一緒に仕事ができるのは、なんと幸せなことであろうか。また、本書の編集を担当していただいた藤吉亮平氏と緻密な校閲をしていただいた小泉智行氏と濱田美穂氏、さらに、これまでの五冊の中公新書と同じように温かく見守っていただいた中公新書元編集長の佐々木久夫氏に感謝の意を表したい。

前著『iPS細胞』を上梓してからちょうど一年後に、再び、「おわりに」を書くことになった。本書は私の七〇歳代で執筆した五冊目の中公新書、図らずも傘寿記念出版となった。この本が、長く読まれ、わが国の研究不正の防止に貢献することを期待したい。

二〇一六年一月一〇日　八〇歳の誕生日に

黒木登志夫

94 http://retractionwatch.com/2016/03/24/
95 ブキャナン『歴史は「べき乗則」で動く』（水谷淳訳）早川書房、2009年
96 「論文不正に関する学長共著論文に関する調査委員会報告書」琉球大学、2011年7月26日
97 ScienceInsider:2011（http://news.sciencemag.org/education/2011/01/）
98 Retraction Watch（http://retractionwatch.com/2012/04/06/）
99 白楽ロックビル　バイオ政治学（http://haklak.com/?page_id=2155）
100 白楽ロックビル　バイオ政治学（http://haklak.com/?p=5897）
101 Kevles, D. J., *The Baltimore case*, W. W. Norton Co., 2000, New York
102 Cyranoski, D., *Nature*, 470, 446, 2011
103 *Nature*, 483, 259, 2012
104「井上過冷金属プロジェクト研究成果確認調査報告書」井上過冷金属プロジェクト研究成果確認調査チーム、2012年1月18日
105 Michalek, A.M., *PLoS Medicine*, 7, e1000318, 2010
106『朝日新聞』2015年5月20日
107『朝日新聞』2014年11月13日

63 白楽ロックビル　バイオ政治学（http://haklak.com/?page_id=5781）
64 白楽ロックビル　バイオ政治学（http://haklak.com/?page_id=3373）
65 白楽ロックビル　バイオ政治学（http://haklak.com/?page_id=7079）
66 http://retractionwatch.com/2015/10/28/
67 Yong E. et al., *Nature*, 503, 454, 2013
68 白楽ロックビル　バイオ政治学（http://haklak.com/?page_id=7081）
69 Baker, M., *Nature*, 530, 141, 2016
70 白楽ロックビル　研究倫理（http://haklak.com/?p=5023）
71 Bohannon, J., *Science*, 342, 60, 2013
72 Rhoades,L.J.（http://ori.hhs.gov/sites/default/files/Investigations 1994-2003-2.pdf）
73 「研究活動における不正行為への対応等に関するガイドライン」文科省、2014年8月26日
74 山崎茂明『科学者の不正行為－捏造・偽造・盗用－』丸善、2002年
75 クルードソン『エイズ疑惑』（小野克彦訳）紀伊國屋書店、1991年
76 毎日新聞旧石器遺跡取材班『発掘捏造』毎日新聞社、2001年
77 李成柱『国家を騙した科学者』（裵淵弘訳）牧野出版、2006年
78 河内敏康、八田浩輔『偽りの薬　バルサルタン臨床試験疑惑を追う』毎日新聞社、2014年
79 須田桃子『捏造の科学者』文藝春秋、2014年
80 詫摩雅子、古田彩「幻想の細胞　判明した正体」『日経サイエンス』2015年3月
81 U.S. Federal Policy on Research Misconduct
82 Fanelli, D., *PLOS Medicine*, 10, e1001563, 2013
83 白楽ロックビル　バイオ政治学（http://haklak.com/?p=6681）
84 https://jp.elsevier.com/editors/policies/article-withdrawal#Article-replacement
85 Van Noorden, *Nature*. 478, 26, 2011
86 Fanelli, D., *Nature*. 531, 415, 2016
87 ウイリアム・ブロードほか『背信の科学者たち』（牧野賢治訳）講談社、2014年
88 白楽ロックビル　バイオ政治学（http://haklak.com/?p=5797）
89 Sebastiani, P. et al., *Science*, 333, 404, 2011
90 Fukuhara, A. et al., *Science*, 307, 426, 2005
91 「医学研究における不正行為に係わる調査報告書」大阪大学医学系研究科調査委員会、2007年2月14日
92 http://retractionwatch.com/2015/12/28/
93 Steen, R. G. et al., *PLOS ONE*, 8, 7, e68397, 2013

ト』、10、28、2013年）
32 Collins, F.S. et al., *Nature*, 505, 612, 2014
33 Bohannon, J., *Science*, 349, 910, 2015
34 Baker, M., *Nature*, 521, 274, 2015
35 Yamada, K. M., *J. Cell Biol.*, 209, 191, 2015
36 Konno, D. et al., *Nature*, 525, E4, 2015
37 Campbell, C., *Trends in Genetics*, 29, 575, 2013
38 Landis, S. C., *Nature*, 490, 187, 2012
39 *Editorial Nature*, 457, 935, 2009
40 Kakunaga, T., *PNAS*, 75, 1334, 1978
41 McCormick, J. J. et al., *Carcinogenesis*, 9, 2073, 1988
42 *Nature*, 515, 7, 2014
43 Wilmut, I. et al., *Nature*, 385, 810, 1997
44 村松秀『論文捏造』中公新書ラクレ、2006年
45 *Nature*, 496, 5, 2013
46 「臨床研究CASE-J試験に関する利益相反調査報告書」京都大学、2015年
47 藤原正彦「論理と情緒」『學士會会報』810号、104、1996年
48 Fang, F. C. et al., *Infection and Immunity*, 79, 3855, 2011
49 Fang, F. C, *PNAS*, 109, 17028, 2012
50 Schekman, R., *The Guardian*, December 9, 2013
51 Racker, E., *Nature*, 339, 91, 1989
52 Racker, E., *Science*, 222, 232, 1983
53 Stapel, D., *Ontsporing*, 2012（英語版　http://nick.brown.free.fr/stapel/FakingScience-20141214.pdf）
54 白楽ロックビル　バイオ政治学（http://haklak.com/?p=5531）
55 http://www.psychologicalscience.org/から「Derailed」で検索
56 Dollfuss, H., *GMS Med. Bibl. Inf.*, 15, 1, 2015（白楽ロックビル　バイオ政治学〔http://haklak.com/?page_id=6681〕）
57 Grieneisen, M. L., *PLoS ONE*, 7, e44118, 2012
58 http://retractionwatch.com/2016/01/12/math-journal-retracts-entire-issue-following-peer-review-problems/
59 スピーロ『ポアンカレ予想』（鍛原多惠子ほか訳）早川書房、2007年
60 辰巳邦彦「主要基礎・臨床医学論文掲載数の国際比較」『政策研ニュース』No.35、2012年3月
61 Fanelli, D., *PLOS ONE*, 10, e1001563, 2013
62 http://www.mext.go.jp/b_menu/hakusho/html/hpaa201001/detail/1296363.htm

ddblock/vol13_no2.pdf）
2 黒木登志夫『がん遺伝子の発見』中公新書、1996年
3 黒木登志夫『iPS細胞』中公新書、2015年
4 Rossner, M., "Digital images and the journal editor", 2014 ORI Research on Research Integrity Conference, San Diego, CA, November 12-14
5 Rossner, M. et al., *J.Cell Biol.*, 166, 11, 2004
6 中山敬一『蛋白質 核酸 酵素』53、2001、2008年
7 「分子細胞生物学研究所・旧加藤研究室における論文不正に関する調査報告」東京大学、2014年12月26日
8 Chaddah, P., *Nature*, 511, 127, 2014
9 Garner, H., *Scientific American*, 2014（『日経サイエンス』2014年6月号）
10 黒木登志夫『知的文章とプレゼンテーション』中公新書、2011年
11 Francl, M., *Nature Chemistry*, 6, 267, 2014
12 Martinson B.C. et al., *Nature*, 435, 737, 2005
13 Fanelli, D., *PLoS ONE*, 4, e5738, 2009
14 "Editors-in-Chief statement regarding published clinical trials conducted without IRB approval by Joachim Boldt.", *Minerva anestesiologica*, 2014
15 白楽ロックビル　バイオ政治学（http://haklak.com/?page_id=2975）
16 The GUSTO Investigators, *New Eng. J. Med.*, 329, 673, 1993
17 http://sciencewatch.com/から「multiauthor papers」で検索
18 Aad, G. et al., *Physical Rev Lett.*, 114, 191803, 2015
19 *Circualtion J.*, 68, 860, 2004
20 http://sciencewatch.com/から「singleauthor papers」で検索
21 Kuroki, T., *PNAS*, 57, 100, 198
22 山崎茂明『科学者の発表倫理』丸善出版、2013年
23 黒木登志夫『健康・老化・寿命』中公新書、2007年
24 「研究者の公正な研究活動の確保に関する調査検討委員会報告書」東北大学、2012年1月24日
25 http://www.avis.ne.jp/~uriuri/kaz/y=11.4x.pdf
26 白楽ロックビル　バイオ政治学（http://haklak.com/?page_id=5866）
27 "Trouble at the Lab", *The Economist*, 409: 8858, 2013
28 Mullard, A., *Nature Reviews Drug Discovery*, 10, 643, 2011
29 Editorial *Nature Biotechnology*, 30, 806, 2012
30 Mobley, A.,　*PLOS ONE*, 8, e63221, 2013
31 Wadman, M., *Nature*, 500, 14, 2013（日本語版『Natureダイジェス

63　佐藤泰憲他『日本医事新報』4618、23、2012年
64　Normile D. Science Insider（http://news.sciencemag.org/education/2012/07/new-record-retractions-part-2）
65　「東邦大学調査報告書 2012」（東邦大学ホームページから削除。64に引用されている）
66　「元本学講師藤井喜隆氏論文に関する調査結果について」筑波大学、2012年12月
67　「藤井喜隆氏論文に関する調査特別委員会報告書」日本麻酔学会、2012年 6 月
68　Kranke, P., *Anesth. Analg.*, 90, 1004, 2000
69　Fujii, Y., *Anesth. Analg.*, 90, 1006, 2000
70　「分子細胞生物学研究所・旧加藤研究室における論文不正に関する調査報告」東京大学、2014年12月
71　「分子細胞生物学研究不正再発防止取り組み検証委員会報告」東京大学、2014年
72　Obokata, H. et al., *Nature*, 505, 641, 2014
73　Obokata, H. et al., *Nature*, 505, 676, 2014
74　「CDB自己点検の検証について」CDB自己点検検証委員会、理研、2014年 6 月
75　「研究論文の疑義に関する調査報告書」理研、2014年 3 月
76　「研究不正再発防止のための提言書」研究不正再発防止のための改革委員会、理研、2014年 6 月
77　「研究論文に関する調査報告書」研究論文に関する調査委員会、理研、2014年12月
78　須田桃子『捏造の科学者』文藝春秋、2014年
79　http://retractionwatch.com/?s=STAP+Nature+review
80　http://www.natureasia.com/ja-jp/nature/interview/contents/8
81　Obokata, H. et al., *Protocol Exchange*, 2014 doi:10, 1038/protex. 2014. 008
82　Endo, T. A., *Genes Cells*, 11, 821, 2014
83　*Nature*, 511, 5, 2014
84　Cyranoski, D., *Nature*, 488, 444, 2012
85　De Los Angeles, A., *Nature*, 525, E6, 2015
86　*Nature*, 525, 426, 2015
87　小保方晴子『あの日』講談社、2016年
88　Obokata, H. et al., *Nature Protocols*, 6, 1053, 2011

●第 3 章～第 8 章

1　*ORI Newsletter*, 13（2）, 6, 2005（https://ori.hhs.gov/images/

33 李啓充『週刊医学界新聞』2011年7月4日、18日、8月1日号
34 毎日新聞旧石器遺跡取材班『発掘捏造』毎日新聞社、2001年
35 上原善広『石の虚塔　発見と捏造、考古学に憑かれた男たち』新潮社、2014年
36 橘玲『アカデミズムという虚構　旧石器遺跡捏造事件』(http://blogos.com/article/41580/)
37 Cyranoski, D., *Nature*, 408, 280, 2000
38 村松秀『論文捏造』中公新書ラクレ、2006年
39 Drozdov, A. P. et al., *Nature*, 525, 73, 2015
40 Monastersky, R. (http://chemed.chem.pitt.edu/joeg/documents/chronicle_16Aug02.pdf)
41 Yashar, M. (http://yclept.ucdavis.edu/course/280/Ninov_Yashar.pdf)
42 Dalton, R., *Nature*, 420, 728, 2002
43 http://www.riken.jp/pr/press/2015/20151231_1/
44 黒木登志夫『iPS細胞』中公新書、2015年
45 李成柱『国家を騙した科学者』(裵淵弘訳) 牧野出版、2006年
46 Fox、C.『幹細胞WARS』(西川伸一監訳) 一灯舎、2009年
47 Kim, K. et al., *Cell Stem Cell*, 1, 346, 2007
48 Cyranoski, D., *Nature*, 505, 468, 2014
49 http://www.ipscell.com/「Jeanne Loring」で検索
50 Tachibana, M. et al., *Cell*, 153, 1228, 2013
51 「大阪大学医学部調査委員会報告書」大阪大学、2005年8月
52 http://mitsuhiro.exblog.jp/3535861/
53 『日経バイオテク』2006年2月27日
54 「日本RNA学会から再現性に疑惑が指摘された論文に関する最終調査報告書」東京大学、2006年3月
55 「不正行為があった疑いのある2論文に関する調査報告書」大阪大学、2006年9月
56 「論文調査ワーキンググループ報告書」日本分子生物学会、2008年9月
57 Fuyuno, I. et al., *Nature*, 443, 253, 2006
58 河内敏康、八田浩輔『偽りの薬　バルサルタン臨床試験疑惑を追う』毎日新聞社、2014年
59 Sawada, T. et al., *Europ. Heart J.*, 30, 2461, 2009
60 Mochizuki, S. et al., *The Lancet*, 369, 1431, 2007
61 桑島巌『日本医事新報』4550、47、2011年
62 Yui,Y. *The Lancet*, 379, e48, 2012

出典資料リスト

●はじめに〜第２章

1 ウイリアム・ブロードほか『背信の科学者たち』（牧野賢治訳）講談社、2014年
2 Koshland, D., *Science*, 235, 141, 1987
3 *Nature*, 522, 6, 2015
4 『朝日新聞』2015年６月23日朝刊
5 日本学術振興会『科学の健全な発展のために』丸善出版、2015年
6 米国科学アカデミー『科学者をめざす君たちへ』化学同人、2010年
7 Steneck, N. H.（https://ori.hhs.gov/sites/default/files/rcrintro.pdf）
8 白楽ロックビル　バイオ政治学（http://haklak.com/?p=6051）
9 メンデル『雑種植物の研究』（岩槻邦男、須原準平訳）岩波書店、1999年
10 黒木登志夫『がん遺伝子の発見』中公新書、1996年
11 自然史博物館ホームページ（http://www.nhm.ac.uk/）「Piltdown」で検索
12 Gee, H., *Nature*, 381, 261, 1996
13 Stringer, C., *Nature*, 492, 177, 2012
14 Witkowski, J. A., *Medical History*, 24, 129, 1980
15 Hayflick, L., *Exp.Cell Res.*, 25, 585, 1961
16 黒木登志夫『健康・老化・寿命』中公新書、2007年
17 中村禎里『ルイセンコ論争』みすず書房、1967年
18 伊藤康彦『武谷三男の生物学思想』風媒社、2011年
19 白楽ロックビル　バイオ政治学（http://haklak.com/?page_id=3557）
20 白楽ロックビル　バイオ政治学（http://haklak.com/?p=3171）
21 Broad, W. J., *Science*, 208, 1438, 1980
22 *Nature*, 285, 429, 1980
23 福岡伸一『世界は分けてもわからない』講談社現代新書、2009年
24 白楽ロックビル　バイオ政治学（http://haklak.com/?p=3539）
25 Racker, E. et al., *Science*, 213, 303, 1981
26 白楽ロックビル　バイオ政治学（http://haklak.com/?p=6342）
27 Broad, W. J., *Science*, 215, 874, 1982
28 クルードソン『エイズ疑惑』（小野克彦訳）紀伊國屋書店、1991年
29 白楽ロックビル　バイオ政治学（http://haklak.com/?page_id=3039）
30 *BMJ*, 321,72, 2000
31 Wakefield, A. J. et al., *The Lancet*, 351, 637, 1998
32 白楽ロックビル　バイオ政治学（http://haklak.com/?page_id=2332）

黒木登志夫（くろき・としお）

1936年，東京生まれ．1960年，東北大学医学部卒業．専門：がん細胞，発がん．東北大学（現）加齢医学研究所助手，助教授（1961-71），東京大学医科学研究所助教授，教授（1971-96）．この間，ウィスコンシン大学留学（1969-71），WHO国際がん研究機関（フランス，リヨン市）勤務（1973，1975-78）．昭和大学教授（1997-2001）．岐阜大学学長（2001-08）．日本癌学会会長（2000）．2008年より，日本学術振興会学術システム研究センター（現在は顧問）．東京大学名誉教授，岐阜大学名誉教授．

著書『がん細胞の誕生』朝日選書，1983
　　『科学者のための英文手紙の書き方』（共著）朝倉書店，1984
　　『がん遺伝子の発見』中公新書，1996
　　『健康・老化・寿命』中公新書，2007
　　『落下傘学長奮闘記』中公新書ラクレ，2009
　　『知的文章とプレゼンテーション』中公新書，2011
　　『iPS細胞』中公新書，2015
　　ほか．

研究不正（けんきゅうふせい）
中公新書 *2373*

2016年4月25日初版
2016年7月15日再版

著　者　黒木登志夫
発行者　大橋善光

本文印刷　暁印刷
カバー印刷　大熊整美堂
製　本　小泉製本

発行所　中央公論新社
〒100-8152
東京都千代田区大手町1-7-1
電話　販売 03-5299-1730
　　　編集 03-5299-1830
URL http://www.chuko.co.jp/

Published by CHUOKORON-SHINSHA, INC.
Printed in Japan　ISBN978-4-12-102373-5 C1240

中公新書

科学・技術

p1